U0213433

梅林思语

张展欣 著

西泠印社出版社

图书在版编目（ＣＩＰ）数据

梅林思语 / 张展欣著. -- 杭州 ：西泠印社出版社，
2024.5
ISBN 978-7-5508-4503-9

Ⅰ．①梅… Ⅱ．①张… Ⅲ．①梅花－文化－中国
Ⅳ．①S685.17

中国国家版本馆CIP数据核字(2024)第111697号

梅林思语

张展欣　著

··

责任编辑：陶铁其　　徐　炜
责任出版：冯斌强
责任校对：应俏婷
出版发行：西泠印社出版社
（杭州市西湖文化广场 32 号 5 楼　邮政编码 310014）
经　　销：全国新华书店
印　　刷：雅昌文化（集团）有限公司
开　　本：889mm×1194mm　1/16
字　　数：300 千
印　　张：17.75
印　　数：0001—1000
书　　号：ISBN 978-7-5508-4503-9
版　　次：2024 年 5 月第 1 版　2024 年 5 月第 1 次印刷
定　　价：580.00 元

··

西泠印社出版发行部联系方式：（0571）87243079

前　言

这是一片林子。

这是一片生长在亚欧大陆板块上的古老森林。

这是一片呼唤春天，报导春天，在风雪中绽放清香的梅林。

这片梅林，在千年冰雪交加的摧残中风骨凛然，傲立乾坤。

这片梅林在当今生存的地理空间愈来愈广阔，渗透的精神文化日益深厚。在这片梅林里演绎过多少精彩绝伦的故事，吸引过多少文人骚客来此风流吟唱，又费了他们多少心智与笔墨描摹塑造，赞颂它的生物特性和精神世界。梅花——华夏儿女在它身上寄予的太多太多，同时从它身上获得的精神慰藉丰富而多彩，故而形成了庞大又厚重的梅文化体系。几千年来，上至显达，下至布衣，对梅花爱之真切，把它当朋友、当情人、当妻儿，溢美的词儿汇成一个"香雪海"。在文学艺术史上，写梅的美文，吟梅的诗词，描梅的书画，数量之多，令其他任何一种花木都望尘莫及。梅花坚韧不拔，在风雪中绽放，其高洁、坚强、谦虚的品格，给人以立志奋发的激励。它是中华传统文化宝库中最为绚丽的一朵奇葩。

本书分六个板块，围绕着梅花，从其生物特性到装饰符号进行系统阐发，目的是多角度、多视点、全方位地去展现梅花的天然本性和精神内核。

调整两条腿的交替频率，轻松舒坦地游走，去观赏梅树不屈不挠的英姿，去感受梅林铁骨柔情的氛围，去悟化梅花开无声、落无痕的品格。在梅林中漫步，所思所想铺就一条幽深香远的大道。

梅花的色，艳丽而不妖；梅花的香，清幽而淡雅；梅花的姿，苍古而清秀。梅花的精神代代传承而又活力四射。历来描写梅花外貌与内涵的文字浩瀚成海，但以这样一种框架来集中展示，当属首次尝试。在其内容和形式的切割与交集、叙述与表达上，还有许多地方不尽人意，恳请诸君赐教。

旅游行业有一句俚语：旅游就是到别人住厌烦的地方去发现新奇，去感受新鲜，娱乐身心。这片梅林有无数人来过，曾留下他们深深的足迹和飒爽倩影，你若未曾光顾，那么迈开你的双腿，来一趟说走就走的旅行吧。

RESUME OF THE AUTHOR

作者简介

　　张展欣，1954年出生，湖南衡阳人。毕业于中国人民解放军南京政治学校，结业于广东省社会科学院硕士研究生班和中山大学EMBA硕士研究生班。从1976年开始，先后在国内外数十家报刊发表作品200多万字。现为中国作家协会会员，中国散文学会会员，中国书画收藏家协会副秘书长、文物鉴定委员会书画鉴定委员，中央国家机关美术家协会会员，广东省美术家协会会员。先后举办过两次个人画展，出版专著20部；有四部散文作品获得中国散文年会"最佳（十佳）散文集奖"。2012年天津百花文艺出版社出版的《中国当代散文史》，以1300多字专门介绍其散文的特点与成就。

　　其画作先后多次参加全国大展并获奖，分别被商务部、中国进出口商品交易会等国家外交外贸场所，中国驻澳大利亚、新西兰、汤加、美国、加拿大、法国、德国、丹麦、瑞典、芬兰、印度、土耳其、巴西、日本、韩国等国家的使领馆等机构收藏或展示。

目　录

第一章 ❀ 天造之梅

梅花，一种小乔木植物，在华夏广阔无垠的大地上从远古向我们走来，满身伤痕，饱经风雪摧残，然而她愈挫愈坚，在东方的地平线上，以她高大魁伟的身影，镌刻在时光的年轮之中。她的步伐是那样雄健多姿，一路坎坷跌宕，一路清香徐绕，一路豪歌嘹亮，一路诗情流淌。

梅花，集聚着华夏子民的苦难，与天地抗争的非凡历程，以及与其相识相伴的大爱和不朽智慧。聚焦历史深处，七千多年前的先民，发现这种开着五瓣花朵的树木，花谢后长出的椭圆形果实，食之可饱腹，有些酸，有些甜，甘而有回味，有点说不清的复杂味道，还吊胃口。历史的步伐来到商周时期，铁器逐渐取代青铜器，有了掘土的锄耙，先民们将山野之梅移入居住地附近栽培，为的是方便食果。或许这正是先民们最原始、最淳朴的栽培果梅的动机。在这以后的几千年里，梅果一直是国人重要的果品，嚼着酸甜的梅果，踏进魏晋南北朝，向来好事的文人，已不满足于用这种果实来充饥解渴。饱腹之后，思维的江河便腾浪兴波，视点向外移去，看到这种果树在严寒的季节开出的花很是特别，花朵个体不大，却飘散出一种淡淡的难以言表的天然的幽香，勾魂摄魄，令人不能自拔。纵情于文海诗潮的名人雅士，目光频繁地在梅花身上停留扫描，捕捉他们想要的和想表达的东西。话其形，倾其情，诵其心，悦其志，梅花便是最好的载体，于是乎探梅、赏梅逐渐升温，汇涓流而成诗海，垒千篇而成文山，由"小众"扩展到"大众"，最后成为文人名士的雅好和社会风尚。简单地说，这就是梅文化发展的路径。

一、梅花的生物性

在人类文明发展的征途中，先哲们发现了人类一条亘古不变的规律，即对植物生物性的运用是评判。其社会价值和文化意义的原始基础。中国工程院资深院士陈俊愉以梅花为伴，几十年系统地研究了中国梅花，他总结梅花有十大优点，其中八条讲的都是梅花的生物性：一是花开的时令特别早，而花期又较长，从南到北跨区域可种植范围大；二是梅的各个品种都能"树树立风雪"，迎雪绽放；三是梅花是最早产于我国的名花，野生分布广；四是树干、树枝形态独特，观姿有态，食果有味，其姿、形、色、香俱佳；五是种族兴旺庞大，品种繁多，其枝姿、花形、花色等变化丰富；六是树种寿命长，属于观赏植物类长寿一族，一般都能活三五百年，年长者可逾千岁，至今还存活的古梅除杭州超山那两株唐梅（图1）和宋梅之外，最早的古梅当属湖北黄梅县江心古寺遗址处的晋梅，距今已有1650多年历史了，而浙江天台山国清古寺的一株隋梅，距今则有1300多年的历史；七是耐旱，抗虫袭能力强；八

图1（左）：超山唐梅
图2（右）：梅花特写

是自身生长能力强，易于形成花芽，且耐修剪，易于催花，适于盆景、切花，还有食用、药用等广泛用途。陈院士的总结言简意赅，概括洗练，可谓字字珠玑。

花期：一般来说，植物通过感知环境的变化，调整生长节奏，以适应季节变化的需要。观赏性植物在自然条件下花与叶的生长有周期性的规律。从古到今，世界上许多国家的人民在生活中常把植物这一周期性特征当作祈福美好的重要时刻。在地大物博的华夏版图内，高山平原大千世界，春的一声呼唤使万物争荣，却只有梅花醒得特别早，当百花还在蛰伏的时候，梅花已灿烂地在枝头张开笑靥了。先贤曾有赞言："万花头上""东风第一枝"，说的都是事实，一点都不为过。今天我们称梅花为报春使者，说的就是梅花开花的时令纵跨冬春两季，成为春回大地、万物复苏的先遣者。

色彩：色彩往往成为某些植物博人眼球的亮点。梅花有白色、红色、粉色、朱砂色、紫色等，虽说不上万紫千红，但其色彩还是很丰富的，而且这些色彩都很饱和厚重。国人偏爱白、红、黄三色。尤其是白色，纯净而雅洁，来得自然，来得淳朴。文人们搜尽了溢美之词，什么"冰清玉洁""繁密如雪""一枝寒玉澹春晖"等塞满文海。对红梅的赞颂更是调高一格，"一夜红梅先老""唱得红梅字字香"。单就色彩而言，红梅虽有桃李色，但其色艳而不俗，艳得有品，艳得有格。黄梅，这里所说的"黄"是指梅花花朵本身的颜色，不是梅子成熟的颜色。黄色梅花是梅花中观赏价值颇高的一个品种，花色鲜艳，诱人魂魄，引人诵吟。

香气：古人对香的定义为"聚天地纯阳之气而生者"，又说，"香者，天之轻清气也，故其美也，常彻于视听之表"。就梅花花朵本身形态而言，花容花色似乎多平淡，无奇妙之处，既不浓艳也不矫造，然而从梅花花蕊中发散出来的那种香气格外清雅，漫荡在空气之中，沁入肝肺，深浸骨髓，且能沉得住，气定丹田，惬意舒坦，正是这种难以察觉而确实存在的幽灵般的香气，使之成为高雅精神生活的象征，并成为无数人的追求。

梅花的香是清香、幽香、寒香。"天与清香似有私"，国人以其细腻、微妙、丰富的身心感受而独偏此好，并将嗅觉的感受转向视觉、味觉、触觉。这种孤、暗、冷的感觉若春雨潜入子夜，悄无声息地来到你身旁：香气弥漫，像灵魂获得安顿，"暗香浮动月黄昏""不经一番寒彻骨，怎得梅花扑鼻香""一点酸香冷到梅"，风流而先知先觉的诗人们总是掩盖不住自己的感受，不断地向外释放自己的情感信息，搅得周天清香幻绝。

形态：人们能观察到的梅树枝干变化丰富，形态独特，是由梅树自身生长特点决定的。梅枝一般来年不再续发新芽，只萌发侧枝，新抽枝条当年生长迅速，显得特别挺拔。梅仙林逋观察细微，曾以"疏影横斜"来描摹梅的枝与干，其诗意荡气回肠，但又诗出有本，完全符合梅花枝干的生长特征。正因为如此，林逋之后，凡赏梅、画梅者，都把赏枝画干作为重要的表现元素，而绘画中的墨梅则是从枝干的视觉效应派生出来的。梅花自身这种独特的生物性，是梅文化

冯子振《寻梅》诗意　张展欣画　旷小津题　153厘米×84厘米

郡月凄风迹已陈
冰雪诗句尚清新
如今不独扬州种
江南江北总是春

元冯子振《舍梅》诗意
展翔岛
阆月路题

冯子振《舍梅》诗意　张展欣画
闵凡路题　153厘米×84厘米

得以衍生和无限发挥的基础和天然空间。

　　就梅花的形态而言，有俯、仰、侧、卧、依、盼等，姿态分直立、屈曲、歪斜等，概括地说便是具有疏、瘦、古的特点。这里所说的"疏"，不仅指梅花的疏密，也是深藏在国人骨子里的审美习惯："融目纵横千万朵，赏心只有两三枝""疏影横斜水清浅"。"瘦"，也是国人崇尚的一种审美取向，"书贵瘦硬方通神""尚余孤瘦雪霜姿"。"古"，是指梅花历数百年风欺雪侮而熬成的天然躯干，"铁干铜皮碧玉枝"，其自然流露出来的刚强、沉雄和坚毅之态，令人仰拜、崇敬。这些是梅的天性，故而国人爱梅、惜梅、敬梅。

二、梅花的品种与分类

　　梅花是一个大家族，品种和变种很多，目前大品种有30多个，下属小品种有300多个。讲到梅花的品种和分类，最早的研究者可要算宋代的范成大了，他在《范村梅谱》中就将梅分成12种，并进行了详尽描述。几百年来，学者们大都沿

武昌湖上千株柳
何逊扬州载酒呼
戴帽尊隐似散如幽
径侧春风透东报新妍

戊戌年夏月
元冯子振
官梅诗意
庭欣监梅
陈伯程题

冯子振《官梅》诗意　张展欣画
陈伯程题　153厘米×84厘米

着这条路在不断探索和发展，目前植物界和园林界公认的方法是将梅分型分类，按种型分为 3 个种系，分别是直梅种系、杏梅种系、李梅种系；按枝姿分为 5 个大类。作为爱梅、惜梅者，这一般的常识，了解一下还是必需的。

第一类叫直枝梅类，枝直上或斜生。这是梅家族中历史最悠久，成员最繁茂的一类，下分品字梅、宫粉梅等 9 种。宫粉梅的花朵，有复瓣、重瓣，花色呈深或浅的红色。宫粉梅是观赏型花梅，开花繁密，花色淡红，尤其难得的是能散发出较为浓郁的清香。在古代，人们习惯将宫粉梅与朱砂梅统称为红梅，因不看木质部，单从花色或花型上看，宫粉梅与朱砂梅有些相似。

第二类为垂枝梅类，又分为枝条自然下垂或斜垂、花粉垂枝等 5 型。垂枝梅，多分布于长江流域及其以南地区，喜温暖气候，较耐旱怕涝，是一种非常好的庭院观赏植物。枝条自然下垂或斜垂，花有红、粉、白各色。

第三类为龙游梅类。枝天然扭曲如龙游。仅1类（龙游梅类）1型（玉蝶龙游型）。

第四类为杏梅。此类梅是杏（山杏）与梅种之间杂交而得的品种。宋代范成大的《梅谱》首次记载了它，花、叶、枝居梅杏之间。

杏梅，又称洋梅、鹤顶梅，日本称丰后梅、鹅梅等。杏与梅分别为蔷薇科的两个不同树种，各自具有独特的性状，而杏与梅的天然杂交，既包含杏的性状，又包含梅的性状。杏梅系的梅花观赏价值高，花径大，花色亮且花期长。

第五类为樱李梅类。此乃紫叶李与宫粉梅人工杂交后的一个新品种，紫叶红花，花瓣大朵，抗寒。

另据《农村养殖业》一书记载，梅花经过十几代人数百年的培育，品种资源相当丰富，其中的名贵品种有12个，分别是红梅、白梅、绿萼梅、品字梅、早梅、细梅、杏梅、毛梅、冰梅、照水梅、光梅、香梅。

三、我国梅花的分布

前文已经讲过，国人开发利用梅花的历史极为悠久，梅花在我国的自然分布和栽培分布十分广泛，尤以长江流域以南各省最多。研究表明，3000多年前，在黄河流域，梅的栽培与应用已很普遍。又经专家考察发现，从地理空间看，长江流域、珠江流域以及台湾地区都分布

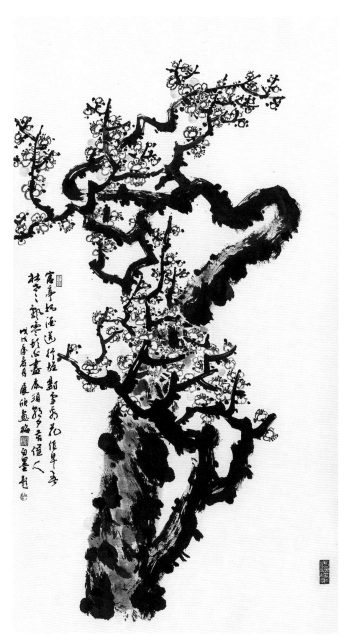

冯子振《东阁梅》诗意　张展欣画　白墨题　153厘米×84厘米

有野生梅。

科学技术的发展也给梅花家族带来了福祉，拓展了更大的生存空间。从 20 世纪中叶开始，通过引种、选育优良抗寒品种，培育出 30 多个能经受住零下数十摄氏度低温考验的梅花品种，梅花栽植的区域远远突破了自然分布范围。目前，北起北京，南至海南岛，西达拉萨，东抵台湾，如此广袤的国土区域都能栽种梅花，这就为梅文化的发展和繁荣奠定了广泛而深厚的客观物质基础。

四、梅果的应用与开发

一部科学研究史揭示：人类利用植物的文明史许多时候都是从维持生命本源开始的。梅果应用也不例外。我们的祖先在原始的采集和狩猎阶段就开始注意到梅果的食用价值。在位于江苏省苏州市吴江区的梅堰遗址里，考古工作者发现了距今 4000—5000 年的梅核。国内十多次考古重大发现都先后证实了梅果的应用，最早距今有六七千年的历史。梅果的应用，若细分有两个阶段，首先是采集鲜果直接食用，这是最简单、最原始的，也是最基本的；其次是开发利用，制作成烹制食物的佐料和泡制药用的乌梅等。人类文明痕迹的镌刻是精准的，岁月的琼浆愈酿愈浓，汇集的史料表明，先秦时期我们的祖先就对梅果的应用有翔实记载，从《尚书》《诗经》《春秋》《山海经》《周礼》《礼记》

冯子振《迟梅》诗意　张展欣画　高炳山题　153厘米×84厘米

湛湛澄江沈嘆月輝娟娟寒玉浸流璃分明一幅我為溪絹寫生當年揚補之

空山梅對老枝撼戊戌年展欣作

元馮振子詩意 展欣畫梅

戊戌秋月唐曉波題記於潯

冯子振《清江梅》诗意　张展欣画　卢晓波题　153厘米×84厘米

等典籍中都可以感受到祖先应用梅果的智慧光芒。归纳起来有以下几个方面：

①盐梅，在食用醋未发明之前，梅子是重要的酸味调料，在先秦两汉时期，盐梅是主要的调味品。

②乌梅，通常是由成熟的黄梅或者未成熟的青梅用烟火熏烘而成，一般色泽乌黑，故而得名。乌梅有生津止渴、敛肺涩肠、驱蛔止泻之功效。汉代张仲景在《金匮要略》中所记载的乌梅丸就是一副驱蛔止痢的经典处方。明朝李时珍的《本草纲目》对乌梅的功效叙述得非常清晰。

③青梅，是指未加工过的梅果。青梅是一种美味、营养、健康的水果，同时它是一种经济作物，具有良好的经济效益。青梅既是一种食品，也是一道风景，文化象征内涵十分丰富。

④梅的药用价值。《神农本草经》首先指出梅的药用价值："梅实，味酸平，主下气，除热烦满，安心，肢体痛，偏枯不仁，死肌，去青黑痣、恶肉。"

对梅果采取不同的加工方法，成品有白梅、乌梅之别。北魏的贾思勰在《齐民要术》里具体记载了这两种梅果的加工方法。

有浩繁的史书记载印证，有当今的生活实例存在，都在默默地告诉我们梅的药用范围很广。近代医学对梅花的药性药理进行过深入的研究，梅的花蕾、根和果实均具有一定的药用价值。梅，乃药典中不可缺少的重要成员。

五、当代果梅生产概况

梅，从历史中走来，驻足当下，更是一片生机盎然的景象，众多历史资料充分证明，梅是我国人工栽培的重要果树，已有3000多年的栽培历史，且品种资源丰富，果梅种植在我国有着广泛的分布。浙江、江苏、福建、安徽、江西、湖南、湖北、广东、广西、云南、贵州、四川、重庆、台湾等地都是重要梅果产区。上述这些地区有的是传统的果梅栽植地，有的近几十年才兴起这一支柱产业，有的形成了数百亩乃至数万亩的庞大种植面积。

梅果被誉为21世纪最受欢迎的水果之一，无数的史实和详尽的统计数字告诉我们：梅果与人们的日常生活密切相关，它虽不是我们生活的必需品，但有了它会使我们的生活变得更有滋有味，更绿色、健康。

六、十大梅花名胜

梅花是国人喜爱的观赏花卉之一。每年梅花盛开时节，赏梅踏青便成为国人新春里的高雅之事。从古到今，华夏版图上的梅花旅游胜地有上百处之多。对于十大梅花名胜，各地有各自的说法，且不同历史时期的评判标准各有千秋。南京师范大学博士生导师程杰对梅文化有独到的研究和见解，且成就卓然。他率领团队，对八十个古代梅花名胜的历史地位及形成原因进行了研究，并模拟当下流行的排行榜方式，以景点规模、持续时间和社会影响三大主要因素作为统计内容，运用数学模型进行计算排序，所排出的前十位名胜依次是：苏州邓尉、杭州西溪、宜兴石亭、五岭之大庾岭、杭州超山、广州萝岗、太湖洞庭、罗浮山梅花村、南京灵谷寺梅花坞、杭州孤山。笔者认为他们采用的方法比较科学，数据来源穷其精实，分析客观。拙作采信他们公布的研究成果，现分别对这十大梅花名胜做简略介绍。

1. 邓尉梅景，誉甲天下

这是 2018 年 1 月 31 日，一篇新闻稿的导语："春寒料峭，梅好迎春。1 月 30 日上午，苏州香雪海第二十二届太湖梅花节暨第十七届'太湖之春'旅游月活动盛大开幕。此届梅花节以'邓尉寻梅香，雪海忆芳华——康熙、乾隆两代帝王赏梅处'为主题，活动由苏州市民间文艺家协会、苏州市摄影家协会主办……香雪海是中国梅文化的中心，也是全国四大赏梅胜地之一，素有'香雪梅花甲天下'之誉，康熙皇帝三次探梅，乾隆皇帝曾六度赴香雪海赏梅踏春。著名的'邓尉探梅'起源可以追溯到西汉，距今已有两千余年历史，现已被列入省级非物质文化遗产代表项目名录。"

一篇简短的新闻稿浓缩了如此巨大的信息量，抚今溯古，颇有见地。

邓尉山，在今苏州市吴中区光福镇，海拔 169 米。就地形而言，光福镇是一个伸向太湖的半岛，三面环湖，西南面向太湖；北向为东崦、西崦二湖，且二崦相通，又西入太湖；东望安山。这片区域约有 20 平方千米，属于莫干山脉东延形成的丘陵地貌，这样的地理环境尤其适合梅花生长。

新闻稿中说，"邓尉探梅"最早可追溯到西汉。而唐朝的陆龟蒙、宋代的范成大都曾徜徉在光福的花木之间，留下许多吟咏佳作。有历史学者研究指出，这个时期实际是邓尉得名的时代。元末明初，精书法、通画理的光福名士徐达左，热爱故土，隐居于邓尉山、光福山，构筑养贤楼，引八方名士。元四家之一的倪瓒被邓尉山的风景吸引，常来此诗酒唱酬，濡墨作画，在当时颇有影响。倪瓒的引领有很大的示范效应，有明一代，高启、刘王宠、王鏊、王世贞、申时行、袁宏道、钱谦益、归庄、吴梅村等名士都先后到过光福探梅。徐家祖业传承，福荫后代，在明洪武至正德的一百多年间，邓尉梅花得到长足发展，徐达左的曾孙在西崦湖滨庄园建起了先春堂，在此赏梅著文，有《先春堂记》传世。记中有这样的描述："梅花万树，芬敷烂漫，爽鼻而娱目，使人心旷神怡。"

▶冯子振《赏梅》诗意　张展欣画
陈文年题　183厘米×84厘米

對此何須哀窮新吟，墨邊將酒自斟
比西園龍桃李等閒開富貴千金

冯子振《官梅》诗意　张展欣画　禅石题　183厘米×84厘米

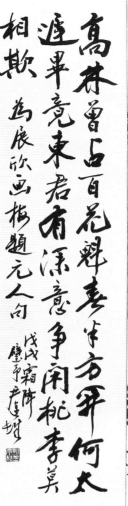

高林曾占百花群 春在方开奈何太
遁早竟束君有漾意 争闲桃李美
相欺 为展欣画楯题元人句
戊戌霜降 肇庆卢连城书

冯子振《二月梅》诗意　张展欣画
尹连城题　183厘米×84厘米

翻开清代巨型丛书《四库全书》，顺着历史的脉络，有关邓尉诸山的纪游览胜作品逐渐显现，所见梅景也越来越繁盛，记载描述越来越具体，这些静卧而发光的文字，投射出立体的历史真相，述说着邓尉梅花走向繁荣的历史进程。明嘉靖年间，邓尉梅花进入繁盛时期，整个光福及周边五十里，举目望不到边际，梅树花海随山形起伏变幻，一片香国雪海无限壮观，而花期游赏也是人声鼎沸，盛况空前。在邓尉诸多赏梅景点中，马驾山地处光福诸山腹地，在鼎盛期，景区梅花甚至超过邓尉，明末顾梦麟称赞马驾山："山自平地梢上皆梅，梅尽旷然，东望山峦几数十里中平洼处，万亩一白。"清康熙三十三年（1694）正月，江苏巡抚宋荦游玄墓山、弹山和马驾山，其幕客邵长蘅写下一篇游记，史无前例地以"香雪海"赞颂弹山梅花盛况。

"海"是什么概念，无边无际，浩浩渺渺，至于"香雪海"更是前所未有。后宋荦再临邓尉，赋诗曰："望云茫茫香雪海，吾家山畔好题名。"正式于此摩崖题刻"香雪海"3个字。

梅依山而生，山因梅而名。马驾山独一无二的地形地貌成就了无比壮阔的梅花景观。梅花盛开时，方圆几十里的山林连成一片，波涛浩渺，远接天际，花与天地一色，望不到尽头的梅林与逶迤迂回的远山、浩瀚的太湖相融，举目远眺，分不清梅林与湖的分界线，如此辽阔，唯有"海"能形容。这"海"吞吐的是天地大象，描摹出来的是梅景的壮美与恢宏。从此"香雪海"便成为梅花景观的代名词。

如此美妙的景观自然吸引了国家最高统治者的青睐，康熙先后3次到邓尉探梅，乾隆先后6次踏足这片土地。两位皇帝在光福共赐诗19首，梅花有幸，占其中13首。据《光福志》记载，乾隆每次来邓尉赏梅都兴致盎然，诗趣横起。素来喜附风雅的君王，身临如此盛景，咏不出几首诗那就枉费大驾了。乾隆十六年（1751），春节刚过不久，踏着新春的吉祥喜气，乾隆乘兴御驾南巡，来到太湖之滨的光福，梅花以她独有的英姿迎接这位远方的贵客。乾隆皇帝置身花海笑逐颜开，登山观梅兴奋异常。他坐在玄墓山下梅树旁，诗兴袭来，急呼笔墨伺候，欣然仿元代画家王冕笔意画成梅枝小幅，并赋五绝二首："香雪旧曾闻，真逢意所欣。南华篇第二，小大漫

区分。""真者在目前，肖貌转难为。爱他姿特别，记取会心枝。"这是他第一次游光福邓尉，在随后的岁月里，先后5次驾临邓尉山。从北京到苏州，往返6000里，不远千里，不畏劳累，为的是来邓尉看一眼梅花，皇帝什么没见过呢？然而梅花的诱惑力太强大了，君王都无法抗拒。乾隆的驾临给邓尉增添了一道又一道耀眼的光芒，同时他写下那么多赞美梅花与景观的诗歌，这在当时，其他任何一处风景名胜都无此殊荣。无疑这是邓尉的一笔巨大的无形资产。

伴随浮华而来的往往是危机。就在乾隆第五次游邓尉时，梅景已开始走向衰落，世间的浩劫是那样狠毒无情。嘉庆三年（1798），老梅树自然枯死后，经济效益驱使此地农人纷纷改梅种桑，一半以上的梅林被改种。到道光十年（1830），梁章钜、程恩泽等游马驾山时梅景已凋零不堪，他们无奈地发出这样的感叹："不见梅，登高眺之，则数十株厕桑林间。"数百年形成的梅花景观没几年光景就烟消云散，令人扼腕叹息。

新中国成立后，邓尉梅花再度引起人们的关注。20世纪90年代初，当地政府致力于恢复香雪海景观。1994年起在马驾山一带种植了数百亩精品梅花，修缮了闻梅阁、梅花亭，宋荦的"香雪海"摩崖石刻、乾隆的"邓尉香雪海"御碑也重现原

▶冯子振《半开梅》诗意　张展欣画
麦昕题　183厘米×84厘米

暖入南枝蕊未匀
笑含芳意
待雪聲相有絕似瑤臺夜
斜攲
重引忍不真

元萬子振半開梅詩意

饰玉含香立未央 不惮疏影争春王
後来玉树嫁何事能使陈家怒围立
元一隔子振溪宫梅诗意
居做画连书题

貌。历史又一个轮回，淬炼着梅花的风骨与神韵。从 2002 年开始，这里每年都举办光福香雪海梅花节，故而可见本文开篇提到的梅花节盛况。一年一度的梅花节正逐渐成为苏州知名的文化旅游品牌，每年吸引着数十万中外游客。

纵观邓尉梅花，以其种植规模大，以及独特的交通和区位优势，影响深广，虽清朝中期以后不断衰落，但始终未曾中断过。进入新时期，邓尉梅花景观又焕发出新的活力，成为当地主要的旅游胜地。若论梅花景观，通过全方位对比，它自然位列第一，未有与其比肩者。

2. 杭州西溪，梅开十万家

人间天堂杭州，路边一棵小草都散发着仙气，那万家朝供的梅花更是仙风弥漫，清雅绝尘。西溪，在今杭州城西，灵岩山之北。西溪是明清时期与苏州邓尉齐名的赏梅胜地。西溪的梅林大都依溪而生，所以西溪赏梅形式独特。前人总结西溪探

冯子振《汉宫梅》 张展欣画 纪连彬题 129厘米×248厘米

梅，妙在"三探"：一是西溪的梅弯曲于水上，枝头伸展向上，有迎客之姿；二是探梅者乘舟从梅树下穿行，可眼观手触；三是河道弯曲，赏花寻梅别有意趣。这是西溪天然的优势。

说起西溪，原本是水名，后成为村名和市镇名，到北宋时已成为一个区域概念。西溪最早从什么时候开始种植梅花，各处说法不一，但从今天能找到的文字记载看，应该在宋代。据考，明末释大

善的《西溪百咏》中就有"古福胜……绕寺栽梅"的记载。明万历七年（1579）的《杭州府志》，其中有这样的记载："梅，种类甚多，唯绿萼者结实甚佳。西湖之梅以孤山为奇绝，然迩来颇不甚多，唯九里松抵天竺一路几万梅，俗称梅园。他处虽繁，皆莫逾此。"地方志不同于文学作品，其记载的内容应该会考究它的准确性和真实性。三十年后的《钱塘志》记录得更加清晰："西溪之山……二月梅

冯子振《杏园梅》诗意　张展欣画　陈迪和题　153厘米×84厘米

始华，香雪霏霏，四面来袭人。"清晰的文字已勾勒出西溪梅花景观发展的脉络。从明万历年间到清乾隆初年，这长达一两百年的时间是西溪梅花发展的鼎盛时期。

康熙二十八年（1689），康熙驾临西溪高士奇庄园赏梅，并写下《西溪》《题西溪山庄》等诗。乾隆十六年（1751），乾隆帝追随祖父的足迹，也曾御驾西溪，赐诗《西溪》。有帝王巨大而无形的号召力，文人墨客、丹青妙手也随风而至，他们给西溪留下了不少诗词名篇、书画经典和匾额碑刻。这些无限放大的光环，照耀着西溪发展的坦途。国家的最高统治者和众多文化名流集聚于此，共同推动西溪进入历史的全盛时期。

前文提到西溪是一个区域概念，西溪景区以西溪为界，溪的南北差异较大。西南溪山，山地林麓艺梅极其普遍，集中在法华寺、法华山、永兴寺、福胜院、梅花泉等景点，湖荡洲渚地区的高庄、张庄、汪庄、梅竹山庄、木头桥、余家庄、河渚、曲水庵等处梅花景点"花开十万家，一半傍流水"，梅林相接，伴水而生，十八里平分秋色，蔚为壮观。

一方水土生造一方风景。若论气候环境，西溪所在的杭州地区，属北亚热带南缘季风气候区，雨量充沛，温暖湿润，最适合梅花种植，而苏杭地区又有艺梅赏梅的历史传统，人杰地灵，哪有不成功之理。

图3：江苏宜兴石亭梅花景观　由汪明提供

历史昭示出这样一条朴实的真理：休闲旅游景观的兴衰往往与当地的社会经济、文化状况的荣枯相伴。西溪艺梅的发展正与当地经济发展的轨迹相吻合。

西溪梅花景观以其特色丰富、影响深广而位列中国古代梅花名胜之中，也曾被列为钱塘十八景之一。同景不同命，可惜的是西溪的梅花没能同超山、孤山等杭州的"众梅花兄弟"一起，踏着历史的步伐走进新的时代。今人只能从故纸堆去感受西溪梅花的芬芳了。

历史总是公正地对待它的每一个子民。西溪梅花景观尽管存世的时间相对较短，但在明万历至清乾隆早期的一两百年时间里，西溪的梅花种植规模盛大，是古代梅花风景名胜发展的典型代表。过去的是历史篇章，余温犹在，今天我们仍然能远望到它在中国梅文化发展史上璀璨的光芒和尊崇的地位，让无数人生发感慨而不能忘却。

3. 石亭古梅，花落如积

宜兴，古称荆邑、阳羡，位于太湖西岸。宜兴是中国著名的陶都，也是洞的世界、茶的绿洲、竹的海洋。宜兴人文荟萃，诞生了四位状元、十多位宰相和三十二位两院院士，被誉为院士之乡。

在我们生活的星球上，任何一个地方物产的兴盛流传都有深深的渊源，当然宜兴也逃不过这条铁律。历史上，宜兴也是梅花景观名胜之地。翻开宜兴石亭梅花景观（图3）的历史，最早记载宜兴梅景的是唐昭宗时的宰相陆希声，他在《阳羡杂咏十九首》之一中曰："冻蕊凝香色艳新，小山深坞伴幽人。知君有意凌寒色，羞共千花一样春。"诗中描绘的便是梅花坞。

宜兴有山，有水，有平原，气候适合梅树生长，一方水土兴一方风物，这是乾坤的造化。到北宋时期，在宜兴县东南十里的石亭已有成片的梅林，较之当时其他赏梅胜地规模虽小，但也吸引

冯子振《小月梅》诗意　张展欣画　罗宁题　153厘米×84厘米

着一些名士墨客前去赏梅赋诗，如两宋之交的苏庠和陈克以及明代的沈敕等。在画梅史上有着重大影响的元代画家王冕曾把石亭与其他几处古代赏梅胜地并举。

明嘉靖年间，当地的贤达、曾任四川布政司参政的举人吴仕退休归乡，选择在石亭造景营景，死后亦葬于石亭，其子孙继续经营。入清后，吴家衰落，吴氏别墅大都改为寺院。一些亭庵重建后不久又被时光侵蚀。沧海桑田，而古梅依旧昂扬挺立，"问花谁是主，僧是还非，僧说梅花自宋遗"。老僧的话语经典，至清乾隆、嘉庆年间，石亭梅花仍存不少。乾隆四十五年（1780）的进士朱受赋诗曰："言寻众香国，遂造清凉境。连蜷三百栋，一一妙香领。"从诗中可以读到朱受的心声。到清道光、光绪年间，当地的县志都是转述石亭的梅花景观，说明到此时，石亭梅花景观可能只存在于历史的文献之中，无法觅到踪迹。

历史已被尘封，探寻历史的要义是要明白，我们是怎样走过来的；横观现实的坐标，是要找到我们今天要到哪里去。石亭梅花几百年兴衰变化的轨迹揭示出背后的真相：缺乏经济的强大驱动，缺乏文化的强大支撑，

图4：大庾岭梅花景观 摄影：黄传俊

其发展变化易跌宕起伏，最后自生自灭，湮没在时光的荒野中。石亭梅花虽兴旺多年，但就是在赏梅风气鼎盛的宋元明时期，也没吸引几个当朝的大文豪光顾此地赋诗，为其加冕送赏。无数史实证明，文化名人的效应是长久的、巨大的，尤其对一些观赏性的植物而言，其本身的生物性欣赏价值是有限的，只有将丰富的文化内涵附着其身才是其生存、发展的基础，文化才是使其活力四射的灵魂。

魂在，体就活；魂在，方可气血强健，活力勃发，长盛不衰。

4. 大庾岭，千古梅花始祖

大庾岭为五岭之一，位于江西与广东两省边境，跨越赣州市、韶关市的重要地带，腹地在江西省大庾县（后改为大余县）及广东省南雄市。就地貌而言，大庾岭山体较为破碎，地势也不太高，多数地区海拔在600—800米之间，尤其是山间小盆地、谷地隘口，地势更低，如小梅关、池江谷地等。也有些山峰海拔达千米，最高峰范水山海拔1560米，在湘、粤、赣三省交界地。

因岭中多梅花，大庾岭亦称梅岭，是古代的要塞，唐代宰相张九龄奉诏在此劈山开道，修建梅关，这成为历史上南来北往的重要驿道。梅关南北遍植梅树，至今仍存。每至寒冬，梅花盛开，香盈雪径。

大庾岭的梅花（图4）有自己的特色。白居易的《白氏六帖·梅部》中就有记载："大庾岭上梅，南枝落，北枝开。"虽简洁得只有十来个字，但它却揭示了大庾岭梅花一树分南北，花发有先后，南枝花已落，北枝花才开的这一奇特的自然景象。大庾岭独特的地理气候使这里的梅花花期特别早，唐人樊晃在《南中感怀》中写道："南路蹉跎客未回，常嗟物候暗相催。四时不变江头草，十月先开岭上梅。"十月

大庾岭梅关景观 摄影：黄传俊

这里的梅就开花了，应算早梅。这就是大庾岭最得意之处。宋人徐鹿卿、元人贡性之、清人陈文龙在诗词和文章中都证实了大庾岭梅花十月开的事实。大庾岭梅还有一个不同凡俗的特征就是枝繁、花小且红，正如明南安知府张弼在《红梅赠同年翁金事》中所言："庾岭小红梅，风标天下绝。"张知府可谓一语中的。

大庾岭的历史也像它的山石一样厚重，最早可追溯到秦始皇三十三年（前214）。据史书记载，秦始皇遣大

将屠睢以谪徒50万征岭南，分五路进攻，其中一路即经大庾岭进入广东北部。从晋朝、南朝到隋朝，都有朝廷的官员来到大庾岭，巡视岭南。唐开元四年（716）冬，张九龄奉命监督开凿梅关古道，以改善南北交通，并命道旁多植梅树。岭路的开通对当地梅林风景产生了深远的影响，引来官宦名士到此观景赏梅。梅岭既是古代要塞，也是中原文化南传的高地，尤其是它作为中国历史上最早的梅花胜地，在中国梅文化发展史上举足轻重，其特殊的地理位置和风景特征，令别处无法取代和复制。

刘向在《说苑》卷一、卷二里就记载了春秋时期越国使者以梅花作为国花敬献梁王的故事。有研究者认为，从那时开始，越国被视为梅花的原产地，梅花常被称为越梅，被视为南国之树。故事中的越梅是泛指，无确切的地址。而南宋王柏《大庾公世家传》、明代洪璐《白知春传》等多篇以梅花为题的拟人传记体寓言，则确切地写明梅花出自大庾岭。清初广东诗坛三大家之首的屈大均在《广东新语》中记载道："吾粤自昔多梅，梅祖大庾而宗罗浮。罗浮之村，大庾之岭，天下之言梅者必归之。"三百多年前的广东人，为家乡精辟地总结出一句大实话：大庾岭是梅花的发源地、祖籍地。因而大庾岭梅花成为咏梅赋诗、填词绘画最为经典的创作题材。唐末著名诗人郑谷在《咸通十四年府试木向荣》中写道："欣欣春令早，蔼蔼日华轻。

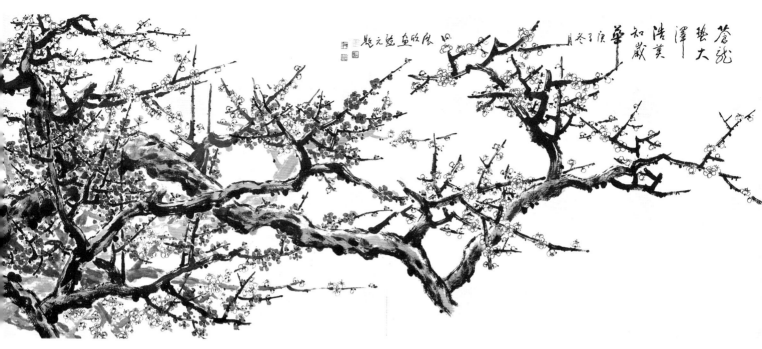

《浩英知岁华》 张展欣画 李乾元题 144厘米×367厘米

庾岭梅先觉，隋堤柳暗惊。"宋末名臣文天祥在《赠南安黄梅峰》中咏道："清浅风流圣得知，黄昏归鹤月来时。岭头更有高寒处，却是江南第一枝。"元代散曲名家冯子振《梅花百咏》中的《庾岭梅》和《远梅》都盛赞庾岭梅和罗浮梅。当然为大庾岭咏梅吟诗的诗人还有许多，正如元人聂古柏在《梅岭题知事手卷》中所言："黄金台上客，大庾岭头春。如是无诗句，梅花也笑人。"可见大庾岭上赏梅咏诗的氛围。

有学者认为，大庾岭梅景真正闻名天下，是从唐代开始的。大唐版图辽阔，人们的生活空间和精神视野也随之拓展。大庾岭虽以梅花著名，但大庾岭以南则是遐荒烟瘴之地，人口稀少，环境恶劣，比起黄河流域的长安、洛阳、开封等中原地区，经济和文化都落差太大。遭朝廷贬谪的官员，大都被送到江南、岭南、海南。贬岭南者经大庾岭都有沦落天涯之感，最典型的人物莫过于唐神龙年间被贬岭南的宋之问，他在《早发大庾岭》里有这样的诗句："适蛮悲疾首，怀巩泪沾臆。感谢鹓鹭朝，勤修魑魅职。生还倘非远，誓拟酬恩德。"他还未到大庾岭就对大庾岭有一种恐惧感，希望勤奋任职，争取早日救归。到了大庾岭北驿时，他写下《题大庾岭北驿》："阳月南飞雁，传闻至此回。我行殊未已，何日复归来。江静潮初落，林昏瘴不开。明朝望乡处，应见陇头梅。"诗人到了这里，故乡望眼难寻，前路难知，失意的痛苦，思乡的烦恼，不堪忍受。明晨踏上岭头，再望一望故乡吧，虽然见不到它的踪影，

白雪聲中正對寒窗聊偷霎聽

曲中繼續纖手牙牌齒得餘香繞瑟琴

元馮子振歌梅詩意 戊戌仲秋 展欣室 畫並波題記

但岭上盛开的梅花应该是可以见到的。虽然家不可归，能寄一枝梅安慰家乡的亲人也是值得期待的。第二天登上大庾岭，心情日趋复杂，又写下《度大庾岭》："度岭方辞国，停轺一望家。魂随南翥鸟，泪尽北枝花。"大庾岭在古人心目中是腹地和南部边陲的分野，是文明和蛮荒的界线，此去身隐边鄙，祸福难料，家阻万山，赋归无期，忆往思来，百感交集。人在岭南，犹如花开枝头，随时就要凋落，身往南心向北，距离越拉越远，在矛盾、痛苦中越陷越深，诗人的魂魄随着那向南飞翔的故乡之鸟而去了，那岭北绽放的梅花却频频送来春风般的笑脸。魂断大庾岭，诗人黯然伤神。置身岭头，畏南恋北，魂迷泪飞，多少南迁的名士骚客在大庾岭历经痛苦的煎熬，留下众多令后人无限感慨的名篇金句。

大庾岭的梅景就规模而言，远不及孤山、超山等处，但其悠久的历史、独特的地理位置使梅文化得以优先传播，从而赢得了天下梅花始祖的崇高地位。

大庾岭上的梅林生命力极其顽强，历千年的岁月洗礼、坎坷波折，却始终没有中断。新中国尤其是改革开放的新时期，大庾岭南北地方政府自觉利用各种历史资源，开发建设，使大庾岭梅花焕发出新的生机，这里成为岭南地区重要的赏梅胜地。

5. 超山，十里梅花香雪海

超山，位于杭州北郊塘栖镇南，京杭大运河穿镇而过。因主峰高耸于龟蛇二山之间，有"超然出世，傲视众芳"之感，故而得名。自唐以来，超山就有"十里梅花香雪海"之誉。超山梅花以古、广、奇三绝著称于世。

"古"，超山的报慈寺前有宋梅数十株。清光绪五年（1879），一生钟爱梅花的彭玉麟来游超山，其著《超山看梅花》，在诗稿的题注中称："沿溪十余里，夹岸皆梅花，已幽绝，山内有宋朝古梅数株尤奇。"光绪二十五年（1899），林纾《记超山梅花》一文中记载得更为具体，称超山有宋梅一株，旁立明梅十余树。两人写的虽是游记，但记录的情况应该是真实可信的。时光的隧道多劫难，古梅也不例外，1933年报慈寺遭围攻焚烧，殃及古梅。两年后郁达夫慕名前来观赏，他写道："寺前的所谓宋梅，是一株曲屈苍老，根脚边只剩了两条树皮围拱，中间空心，上面枝干四叉的梅树。"

"广"，超山梅花（图5）最引人注目的是它种植的梅花品种有四十余种之多，有骨里红、粉蝶、红梅、绿梅等。种植面积广，不仅仅是超山山麓和附近山区，在超山周围方圆几十里乃至上百里范围内，都普遍种植梅花，真正是"十里梅花香雪海"。清康熙、乾隆年间，植梅从皋

◀冯子振《歌梅》诗意　张展欣画
蔡照波题　153厘米×84厘米

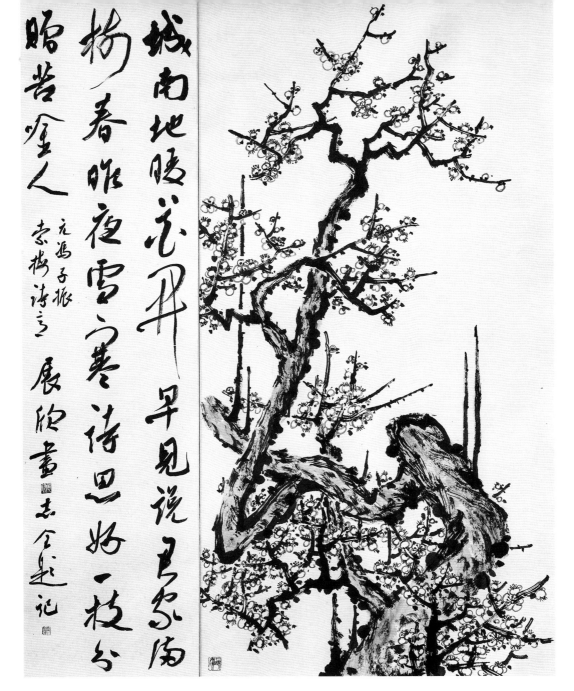

城南地暖花开早
见说江南春晤夜
雪寒诗好一枝分
照若空人

元冯子振
索梅诗之

展欣画 志全题记

冯子振《索梅》诗意　张展欣画　喻志全题　153厘米×84厘米

亭（半山）一线逐步向超山一带扩展，到嘉庆、道光年间继续扩大。同治年间，官至浙江盐运使的秦缃业是一位书画家，他在《梅边送客图序》中有这样的记述："自北新关至塘西镇，两岸皆种梅，二三十里不绝。"其《王家庄道中看梅绝句》称："溪水无波作镜平，万梅花里一舟行。请看两岸白如雪，时有暗香蓬底生。"从秦

缃业的描述中可以看到，超山四周的梅花十分茂盛。民国以后，超山周围梅花种植面积在不断扩展，1929年5月成汝基的《超山梅调查报告》称，超山"植梅区域，东至陈港木桥，南至超山巅，西至三仙桥，北至登山桥，周围三十余里，家家皆植梅。以面积论，实占当时三分之一以上"。时过七年，曾勉之在一篇专题研究塘栖镇青

梅产业的报告中称："梅栽培最盛，不在镇之本区，而在镇以南及附近。一为超山，以此最著称……一为屯里，所有农户，均以种梅为业，连阡累陌，蔚然称盛……一为太（或为泰）山，栽培次之，年产四万担左右……一为半山，山不甚高，秀色可餐，其附近颇多植梅，约产万担以上。"上述四地皆以超山为中心，方圆百里之内都植梅，其种植面积之广别处无可比拟。

超山梅花种植如此茂盛，一个十分重要的原因，是经济的支撑和拉动。上海、杭州、苏州、绍兴等长江三角洲人口集聚的城市群，对梅果的需求旺盛。宋以来杭州周边相继出现了许多产梅之地，梅果作为休闲食品，经过加工，在市场十分畅销，从而促进了超山地区青梅种植规模的急剧扩大。20世纪30年代，上海冠生园开发陈皮梅，又给超山梅区带来发展契机，大大地激发了广大农户的积极性，使整个超山、屯里、南山、半山、独山一带，连绵数十里，梅田广布，盛况空前。

"奇"，超山梅花中有一种珍贵的品种——六瓣梅，在现代梅花家族中较为罕见，所以称奇。

超山梅景以其无比浩大的规模吸引八方来客，此外，超山以奇石、岩洞著称，

图5：杭州超山风景名胜区北园大明堂 摄影：施雯

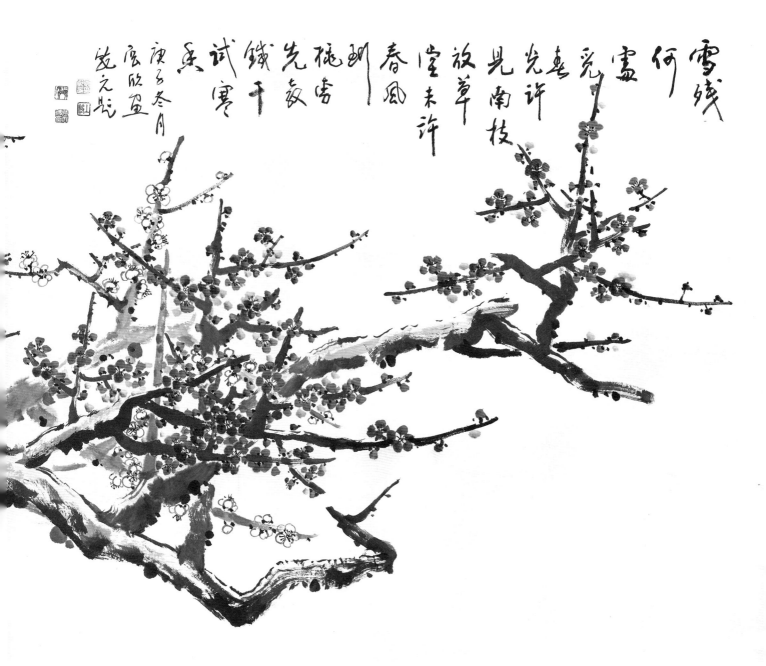

雪残何处觅春光，先见南枝放草堂。未许春风到珊瑚，先教铁干试寒英。

牧元光

恽寿平题梅花诗意图　张展欣画　李乾元题　144厘米×367厘米

杭州孤山梅花景观 摄影林云龙

围绕大明堂，前有广济桥，附近有宋梅亭、浮香阁，有近代艺术大师吴昌硕先生的墓和纪念馆，山上有妙喜寺、玉喜寺，途中有翠筠亭、疏影亭、云岩奇泉、虎岩等多处名胜，在超山绝顶处有石林，这些人文景观无形中增添了超山梅景的吸引力。

超山梅花风景从清朝以来逐渐兴起，规模不断扩大，始终以庞大的种植规模在众多赏梅胜景中独占鳌头，风光百年。我们再看 2018 年 1 月 31 日《文汇报》刊发的报道："'梅须逊雪三分白，雪却输梅一段香。'连日飘雪，杭州超山梅花傲然绽放，令大批游人踏雪赏梅，醉于这片香雪海中。作为江南三大赏梅胜地之一，超山自古以梅花古、广、奇三绝而闻名于世。花开时节，景区内五万余株梅树争相绽放，凌寒留香，十余里遥天映白，故有'十里梅花香雪海'之美誉。"媒体的传播力强大，进一步扩大了超山梅花的影响。

6. 萝岗，香雪映朝阳

我现在的家就在离萝岗香雪公园不远的地方，近二三十年没少去逛公园，见过它的辉煌，也见过它的凄凉。今天的规模，占地 1200 亩，是 2005 年下半年开始，由萝岗区政府组织扩建而成的。每当岁末年初，也就是冬至前后，这里梅花盛开（图 6），繁花如雪，疏影横斜，香风阵阵，梅树绵亘数十里，俗称"十里梅林"。每年萝岗区政府都要组织赏梅等节庆活动，节日期间，万民涌动，人海花潮，热闹非凡。多年来，香雪公园一直是羊城民众休闲、旅游、赏梅观景的重点景区之一。

赏了多少年梅，都未必完全了解萝岗香雪的历史。据清代《番禺县志》记载，南宋中叶，朝议大夫钟玉岩告老还乡，千里迢迢奔家乡广州萝岗而来，路宿大庾岭

山中萬木
凍欲折
林下幽芳獨自
香怪
底孤根禁
受得就
中原
有鐵心腸
展所種梅
戊戌荷月

志偉題

冯子振《寒梅》诗意　张展欣画
张志伟题　153厘米×84厘米

冯子振《孤梅》诗意　张展欣画　禅石题　153厘米×84厘米

时，得赠梅花数百株，钟玉岩带着梅花回到家乡，请族人精心栽培。几年后，梅大成林，每到初冬，梅花盛开，缤纷灿烂，花飘如雪，香气袭人。当初钟大人带回梅花的目的并不是赏花，而是为了谋生，因梅果既可鲜食，又可用于助膳，还可广泛加工成各类梅制品，具有较高的经济价值。广东人向来讲求实惠，如清初屈大均在《广东新语》中说道："番禺鹿步都，自小坑火村到罗岗三四十里，多以花果为业。"屈大人说的是大实话。萝岗地区独特的自然环境和温暖气候，种梅常可梅开二度，故产量颇高。经过培育、改良后的萝岗青梅果大、核细、肉厚，久负盛名。农民能从种梅中获利，因而种植面积不断扩大。

图6：萝岗香雪景观 摄影：张展欣

乾隆《番禺县志》对萝岗梅花亦记述道："山下梅林长十里，多属古桩，离奇蟠曲，花时雪英匝道，芳菲袭人。"萝岗梅已独盛，村上村下皆梅，岭南岭北尽梅，这说明在清乾隆年间，萝岗梅花已有相当大的规模，"钟氏三十余村皆梅"，并成了一处风景名胜。

明清以来，方献夫、何维柏、湛若水、王弘海、刘维嵩、张之洞、朱次琦等人都曾慕名来此游历，留下过许多赞美梅花的佳句名篇。清代李东田有诗云："萝岗洞口梅千树，缟袂相逢尽美人。"区丕烈赋诗云："千岩瀑布经霜卷，一洞梅花带雪香。寄语游人凭远眺，纵横尽属宋文章。"屈大均在《广东新语》中云："能将北雪为南雪，为有苍苍自洛来。松柏至今虽已尽，花田常见雪花开。"清道光年间，萝岗钟逢庆邀张维屏、黄培芳、黄玉阶前来探梅，张维屏有诗曰："梅花三十里，老干铁纵横……人来香雪海，地似古瑶京。"光绪十六年（1890）

张之洞游萝岗时写有这样的诗句："涨海雪不到，腊花红如春。深崦闭香雪，别有桃源津。"同时谭宗浚专为萝岗香雪作有《梅田赋》。这些文人雅士的吟咏，使萝岗香雪的影响力不断扩大，成为岭南地区规模最大的梅花景区。

1922年，岭南农科大学《农事月刊》第三期载文称："每当耶稣诞前后，梅花盛开，一望皆雪白如银，如白露浮空，又如浮云下降，花味清香，馥郁扑鼻，火车疾驰，香气迎面，尤为可爱。"自20世纪60年代初至80年代末，萝岗香雪进入鼎盛时期，蜚声海内外，1963年香雪美景被评为羊城八景之一，广州人已形成冬至去萝岗赏"雪"的习俗。每当梅花盛开，游人蜂拥到萝岗赏梅，曾出现一天接待6万多游客的纪录。当年尼泊尔国王比兰德拉、扎伊尔总统蒙博托、安哥拉总统多斯桑托斯等一大批外国元首及国际友人曾先后慕名参观过萝岗香雪。郭沫若参观完萝岗香雪后按捺不住心中的激情，赋

冯子振《别梅》诗意　张展欣画　旷小津题　153厘米×84厘米

诗曰："岭南无雪何称雪，雪本无香也说香。十里梅花深似雪，萝岗香雪映朝阳。"1983年1月7日，著名文化人秦牧、关山月等四十余人，专程到萝岗"踏雪赏梅"，吟诗作画。

尽管声名大噪，经济利益的驱使和自然灾害，曾使萝岗香雪景观几年工夫便几近消失，20世纪80年代中后期，全球气候变暖，梅林出现严重虫灾，造成青梅产量、品质、效益急剧下降。加之当时"十里梅林"分散到农户，驰名粤港澳的萝岗橙价格飙升，果农纷纷伐梅种橙。到1990年，青梅种植面积仅余二三百亩，产量仅万余斤，有800年历史的香雪名胜不到八年就几乎消失。这期间，春节前后我曾几次去现场对景写生，见不到几株有姿有态的梅树，往日的辉煌不再，心里不是滋味。

2003年5月，重建萝岗香雪公园又被列入重要议事日程。2005年萝岗区政府正式成立，对公园重新做了规划，公园规划面积2500多亩，分二期建设，首期工程占地195亩，于2006年五一节期间竣工开园。目前已种植梅花4000多株，其中青梅约3000株，花梅1000余株，主要品种有红梅、宫粉、朱砂、绿萼、美人梅等。近几年重新设立的黄埔区政府不断加大资金投入，引种梅林，恢复和重建玉岩书院、钟氏祠

▶冯子振《棋墅梅》诗意　张展欣画　侯军题　153厘米×84厘米

萬玉成林覆石杆
適閒情東風忽遠花如雪
兩翁相對
絕似等軍入鬟玉

辛卯月美華

馮子振棋墅梅戊午年秋月展欣作

北帝司权播令新
天葩凡卉斗精神
化工不让花神巧
待与增添一树春

香梅持意
元冯子振
展欣画

冯子振《雪梅》诗意　张展欣画
胡焱题　153厘米×84厘米

图7：洞庭西山梅花景观 由汪明提供

堂、玉岩墓等古迹，以期重现当年萝岗香雪的风采。

2021年元旦和农历小年前，我都曾邀请几位朋友去公园赏梅。时近中午，进园的公路上涌动着人流，离园区几千米远的道路两旁停满了各色小汽车，沿途都有交警维持秩序。尽管人流如潮，很是拥挤，但秩序井然。踏着和煦的阳光，望着满野飘洒的白雪，闻着别样的幽香，徜徉在花间，身临仙境的感觉仿佛又回来了。

新世纪的香雪海又进入了新的发展春天。

7. 太湖洞庭，中国最大赏梅基地

提到洞庭，人们首先想到的可能是湖南的洞庭湖。然而这个洞庭是山而非湖，两者之间相距数百里。此洞庭在江苏太湖，分为东、西二山。洞庭西山为太湖中最大岛屿，四面环水，全岛呈低山陵和湖滨冲积地貌。洞庭东山是延伸于太湖中的一个半岛，与洞庭西山隔湖相望，最近处直线距离不到4千米。景区由东山、三山、泽山巅、余山七个湖岛组成，景区面积84平方千米。东西两岛高出太湖水面部分统称为洞庭山。

2019年2月，第23届苏州太湖西山梅花节的新闻稿称："全国最大的赏梅基地就坐落在太湖西山（图7）。林屋梅海在苏州西南约50千米处，西山古镇之南，以林屋为中心，绵延数里，达几百亩。这里大多是果梅，开白花，花开时浩瀚如海，一望无际，气势比光福香雪海更盛。林屋山上的驾浮阁是赏梅绝佳之处，登高望远，太湖烟波浩渺，梅林一望无边，暗香随风，若有若无。林屋洞景区山麓近年还种植了

《红梅迎春》 张展欣画 李乾元题 144厘米×367厘米

一批观赏梅，如胭脂梅、绿蒂梅、绿萼梅、嵌蒂梅、鸳鸯梅等精品，花色有纯白、紫红、鹅黄、淡墨，让探梅者大饱眼福。"

今天西山赏梅有空前的规模，也有赖于它深厚的历史渊源。文人们的各类专题咏赋，对其无不交口称赞。明代的王鏊在《洞庭两山赋》中就特意写道"杨梅日殷"，而杨循吉就更直接了："梅子，西山多种，其味仍在熟时，青黄饾饤，历时最久。"至明万历年间，两山梅的种植有了更大的发展。万历三十年（1602），曹学佺在《泛太湖游洞庭两山记》描述道："由销夏湾而登缥缈峰，平地二里皆梅花。上山者五里皆可望梅花。初犹销夏谚之一村而已，次则其邻，次则其最远，又次则但见梅花而不见村。及顶，则但见白色模糊无际，因不辨其为湖水也，白云也，而为梅花也。"

从曹老夫子的描述，可想而知当时梅花景观的盛大规模与繁荣状况。

进入清代，两山梅花依旧繁茂，其影响也在不断扩大。昆山的归庄于顺治十七年（1660）在《洞庭山看梅花记》中称："吴中梅花，玄墓、光福二山为最胜。入春则游人杂沓，舆马相望。洞庭梅花，不减二山，而僻远在太湖之中，游屐罕至，故余年来多舍玄墓、光福而至洞庭。"是什么吸引了归庄？是当地诸坞多种梅，以梅饰山，倚山植梅，花径蜿蜒，湖石玲珑，一片梅海，游人不多，静而出幽，最宜赏梅，故引其留恋长居。

两山梅花最大的特色，是它的地理位置。正是这一方山水的独特，使两山梅花景观凭借太湖美景的映衬，锦上添花，美美与共，才如此举世无双，兴盛数百年。

恰如沈大成所言："花光并山色，倒景如太湖。扁舟破晓来，置身在玉壶。此境非人间，沧瀛定有无。"许多旅游景观的兴衰都同此理，人造的景远不如天造的景来得自然和持久。行舟湖中，绕山赏梅，印象深刻，难以抹去，幽思勃发，愉悦身心，自然引得人流如织。

新中国成立后尤其是进入新时期，两山的梅花景观也是更上层楼。不但梅花栽植面积不断扩大，当地政府还从1997年开始，每年都在林屋梅海举办太湖梅花节，经20多年的不懈努力，使其成为太湖流域影响最大的花卉旅游节庆活动。林屋梅海在洞庭西山的林屋洞景区，景点以林屋山为中心，西侧便是以万亩梅海著称的梅园，有驾浮观梅、林中探梅和水上赏梅三大景观。除了大量的果梅外，还有绿萼、玉蝶、朱砂红等30余种，花开时浩然如海。林屋梅海已成为中国最大的赏梅基地。

8.罗浮梅花神仙出

《南方日报》2018年1月4日的报道写道："'罗浮山下四时春，卢橘杨梅次第新。'近日，位于罗浮山脚下的横河镇何家田村梅园梅花竞相开放，吸引了众多游客前来赏梅。何家田村的梅园近百亩，坐落于半山腰，从远处看，犹如铺上一层皑皑白雪，置身梅园，白雪红蕾，暗香浮动，呈现一派'素艳乍开珠蓓蕾，暗香微度玉玲珑'的情趣。当地一些畲族姑娘穿戴民族服饰，自发前来赏梅留影，成为摄影爱好者镜头里独特的风景。"

这篇不到300字的现场报道，传达出丰富的信息。首先赏梅的地点是何家田村，这是当下罗浮山赏梅的核心区。报道文稿以苏东坡的名句开篇，随后又引出元代刘秉忠《江边梅树》中的两句，告诉人们罗浮山赏梅历史悠久，并积累了丰厚的文脉资源。

说起罗浮山的梅花景观，似乎影响最广泛的当数唐代大文学家柳宗元的传奇小说《龙城录》。他在书中《赵师雄醉憩梅花下》一则里，绘声绘色地描绘了赵师雄巧遇梅花仙的故事。到了宋代，苏东坡在惠州任职，从惠州到罗浮山路途不远，他有机会常游罗浮。苏老夫子更文兴大发，连续写出咏罗浮梅的组诗，一而再、再而三地阐发赞美：罗浮山下梅花村，梅花玉骨冰魂，奔月幽昏，暗香入户，青子缀枝，雪肤满地，好一派梅的英姿和盛景。文化穿透的能量不可比拟，它不计较时间和空间的存在。柳宗元和苏东坡当年怎么也不会想到，他们诗文塑造出的梅花村赏梅佳话和景观于后世成了现实。

当然，"梅花村"这个概念的"版权"属于苏老夫子。他在松风亭咏梅诗中首先使用"梅花村"这一词语，但梅花村具体在什么地方未明指。都说广东人务实，这是有历史渊源的，就是来广东做官的外籍

爱此幽姿清绝尘更炼
岁晚独相亲相看不忍
轻攀折留取明年
占上春 元冯子振惜梅诗意
展欣画王兵题记

冯子振《惜梅》诗意　张展欣画
王兵题　153厘米×84厘米

图8：罗浮山东坡林梅花景观 图片由许晚娇提供

人士也受此感染。南宋淳祐三年（1243），时任惠州知州的赵汝驭一到任，就雷厉风行，为政兴利，修葺州治文惠堂，改堂名为延相堂。一日，他到罗浮山醮祭，登山的道路为山间小道，崎岖坎坷，荆棘丛生，极难通行。事后他在《罗浮山行记》中这样写道："与客步自冲虚，东行数里，泉声潸然出丛翳中，其上则洞口也。由洞口而南有岩，双壁宛若门然。从门以入，欻然见寒梅于藤梢棘刺间，崎岖窈窕，皆有古意，顾者不其见赏。问其地，则赵师雄醉醒花下'月落参横，翠羽啾嘈'处也。"看到这些，他深生感触。赵知州是个实干家，他叮嘱博罗县令，在那里建门庭、修亭台、修寺庵，并严格限定了完工时间。第二年，整个工程完成，在罗浮山顶建成日庵，梅花村中建仙春亭，伏虎岩下建横翠亭，朝真石上建拂松亭。在赵师雄醉醒处立碑曰"梅花村"。从此赵师雄在罗浮遇仙的故事落地了，有了一个明确的驻地——梅花村。

古往今来，凡历史上发生的事件都是有因果关联的。罗浮山，同样承载着丰厚的历史文化。罗浮山最早让中原人知道，是在西汉初年。汉高帝十一年（前196），陆贾奉汉高祖之命出使南越，说服赵佗归汉，称臣奉贡。陆贾回朝复命后撰《南越行纪》，称"罗浮山顶有湖，杨梅山桃绕其际"。自陆贾之后，罗浮山便成为骚人墨客、官宦名士向往和览胜之地。翻开《全唐诗》，可以看到李白、杜甫、刘禹锡、李贺等人都在诗作中赞咏过罗浮。然而史学家考证过他们的足迹，他们都未曾游历过罗浮。唐以后水运逐渐发达，岭南与中原交往频繁，众多名士学者，来此驻足观景，吟咏唱颂，著名的有苏轼、苏辙、杨万里、祝枝山、汤显祖等百余位。都说罗浮山的梅花（图8）是文人骚客用墨汁浇灌的，一点不假。在罗浮山，遍山皆有摩崖石刻，旧志载有2000多处。几经风雨剥蚀，人为损坏，于20世纪80年代勘核，还存136处。篆隶行楷草五种书

郭沫若诗萝岗香雪景观 摄影：张展欣

体都有，摩崖石刻琳琅满目，为名山添姿增彩。可以肯定地说，罗浮山的梅伴随着这些名篇名著而声播四方。当年赵汝驭所定的梅花村，在元明清三朝中有所变迁，但经清人和现代学者考证，今罗浮山九天观风景区的梅花村一景，正是当年的遗迹。当年赵汝驭开山路时，路两旁有少量寒梅分散在荆棘间，后逐渐增植千株，这里有赵汝驭的《山行记》、李昂英的《飞云顶开路记》可以佐证。明万历十九年（1591）大戏剧家汤显祖游罗浮，夜宿冲虚观。据《广东通志》记载，他第二天自冲虚观至石洞涧曾路过一片梅树生长的地方。天启六年（1626），东莞人张穆游罗浮，著有《记游石洞》一文，其中有这样的记述："洞口古梅嵯岈，落落数花，独立徘徊，若不能已。"他所见到的梅应该是散落在道两旁稀疏冷落的古梅。整个明清时期，梅花景观重地已转移到五龙潭南梅花村，来此赏梅者也比较多，但到康熙中叶时，梅花村盛况不再。罗浮山除梅花村的艺梅风景外，还有冲虚观古梅、酥醪洞梅谷、小蓬莱洞、黄仙洞茶山观等处。

罗浮山属花岗岩断裂隆起的地质地貌，有群峰数万座，虽有奇石、怪石可供观赏，但无大片深厚的土地可植梅，天然的条件制约着梅花的种植和发展。所谓的梅花村则是因小说、故事、艺文佳话而形成的纪念性景点，它和其他几个梅花景观，种植梅花的规模均为一小片一小片的，没有花海十里、摄人魂魄的震撼，这让看过江南梅海的人有些失望。

尽管如此，罗浮山梅花村凭借着深厚的文化底蕴和迷人的文化魅力，持续散

冯子振《苔梅》诗意　张展欣画　朱德玲题　144厘米×367厘米

发着活力，又加之罗浮集儒、释、道三教于一山，梅花村营造了由仙境落入凡尘的实景，再由景吸引文人名士，咏梅颂花，成为最有仙境色彩的梅文化景观。何处无神仙？无数登罗浮山者都是怀揣着寻迹觅古的梦想，欲来此探梅遇仙。因而罗浮山梅花特殊的象征意蕴和游赏价值，使天下独此一景，其他梅花名胜景区，不可效仿和复制。

9. 灵谷寺，一树梅花开古今

1982 年 4 月 19 日，南京市第 8 届人大常委会第 8 次会议讨论决定，以梅花作为南京市市花。这在当时的省会城市，以市级权力机关决定的形式来确定市花的并

不多。这充分说明了南京人赏梅、爱梅的程度。

南京植梅与赏梅的历史悠久，历六朝至今不衰，最早始于灵谷寺的梅花坞。灵谷寺现位于南京市中山陵东面，始建于南梁天监十四年（515），是梁武帝萧衍为纪念宝志禅师而建。其名称历代各有不同。明洪武十四年（1381），明太祖朱元璋为建明孝陵而将该寺迁址重建，赐名灵谷禅寺，并赐额"天下第一禅林"，为明代金陵佛教三大寺院之一。

追溯源头，灵谷寺植梅始于灵谷寺移建时。明洪武年间的刘三吾曾有这样的记述："梅英簇簇溪湾上，雁字悠悠

素质萧然
林下无多
何年移植
禁闾中自
从识浔君
王面目首
仙兄迴不同

辰欣忆梅

王精题

冯子振《宫梅》诗意 张展欣画 王精题 153厘米×84厘米

天尽头。"至正德、嘉靖年间，严嵩诗中曰："水边春信见梅花。"刘三吾、严嵩两位的诗词至少可以说明，灵谷寺道路两旁和四周有许多梅花。到了明万历二十二年（1594），冯梦祯在《灵谷寺东探梅记》里是这样写的："灵谷寺东有数里梅……出朝阳门，群山如玉，清辉蔽野。越灵谷而东二里许，北行百步，达梅花下。花放者已十三四，冲泥纵观，万树弥望。"当然这是文人的夸张说法，"万树"，表明多的意思，并不是统计学上的实指。而焦竑在《灵谷梅花坞六首》中道："山下几家茅屋，村中千树梅花。"同样的数字出现在钟惺的诗中："秣陵梅最著，灵谷近千株。"这个"千树""千株"也不是精确的数字，还是表明梅林有较大规模的意思。当时在灵谷寺外东南一带的村民，植梅实际上以经济价值为目的。这些树干苍老、历经二三百年风欺雪压的梅树，与灵谷寺的梅树呼应，形成一大片，蔚为壮观，逐渐引起世人的重视，成为当时南京东郊一处春游赏花的名胜之地。从明万历至清初，这几十年中，灵谷寺梅花坞梅花风景发展到鼎盛时期，每年岁末年初的梅花花期，都吸引了不少文人骚客来此雅集，吟诗作对，挥毫绘画，市井吏民也喜欢歌聚饮，长此以往，形成习俗。当时的诗词名家胡玉昆、焦竑、黄居中等都有描写这一盛景的诗词，存世至今。战争是那样的无情，灵谷寺毁于清顺治二年（1645）和三年（1646）间那场战火，梅树也大多遭践踏砍伐，数量明显减少，但梅花坞的风景惨淡尚存。

图9：杭州孤山梅花景观　摄影林云龙

梅花在历史的烟云中坚守着自己的本真。如今，南京当地政府对明孝陵景区内的梅花山、梅花谷实施资源整合，梅花山的赏梅面积扩大了两倍，达到了1500多亩。园艺工人广泛搜集珍贵品种，在世界已发现和培育的300多个梅花品种中，这里拥有200多种，共3万多株，而且有些是梅中极品。每当梅花盛开之时，梅花山的万株梅花竞相开放，层层叠叠，云蒸霞蔚，繁花满山，一片香海，前来探梅、赏梅者有四五十万人。

灵谷寺梅花，历数百年芳华不绝，能有如此旺盛持久的生命力，原因是当地的民众从内心深处识梅、爱梅。尽管世事沧桑，朝代更迭，但那种奔流在遗传基因里的生物和文化的力量强拗过时光的扭力，反推着梅花的栽培和梅文化的持续发展与壮大。

这是我于20世纪80年代初在南京求学两年，与南京人深入交往，后多次去南京踏春赏梅所感受到的。

10. 孤山，梅文化圣地

在古代民间有这样的说法："钱塘之胜在西湖，西湖之奇在孤山。"孤山园林是西湖园林的代表，孤山的梅花景观（图9）历史悠久，从唐代开始就与伍相庙同为赏梅胜地。白居易在《忆杭州梅花因叙旧游寄萧协律》中写道："三年闲闷在余杭，曾为梅花醉几场。"诗魔都醉倒了，他醉在梅林之中，这儿有福州红、潭州红、柔枝、千叶、邵武江等。

不舍昼夜奔腾咆哮的历史，遇上隐士，仿佛放慢了脚步，在那里一步三回头，顾盼流连，留下了许多后世传诵的经典故事。孤山有林和靖，孤山不"孤"，林和靖种梅、植梅、梅妻鹤子的人生，和疏影横斜、暗香浮动的绝妙佳句更是大放异彩。那浓厚的文化气息持续向四面八方辐射，引万众朝圣。

时间切回到南宋，我们看到京城迁

侬家老树益春屋 清夜看花眠不眠
残雪半消寒月上 暗香和影度疏窗

岁在戊戌菊月辰欣画梅
沐颜题

至杭州，杭州的社会经济获得得天独厚的发展条件，迅猛发展，孤山更得福中之福，梅花种植进入最为繁荣的时期。当时的景观有西湖奇绝处的凉堂，有种植梅花的香月亭，有理宗年间建的岁寒亭等。最负盛名的当数林逋祠，当时与白居易、苏轼之祠合称三贤堂。林逋祠的存在，也陆续引来名士拜谒说梅，杨万里游西湖赋诗十首，而王琮舟过孤山有感："寂寞梅花处士坟，竹围岩脚一泉深。"赵师秀有《林逋墓下》专说梅。拨开历史的乱云层嶂，就园林种植而言，南宋是孤山梅花最为繁盛的时期。1276年，江山改朝易帜，元兵进入临安，孤山梅花在劫难逃，梅花林景观惨遭毁灭。到后期，略有恢复。明中叶以后，杭州西湖，又呈现出一派繁华奢游的景象，万历年间孤山林逋祠有梅360株。至清乾隆中期，林逋祠、放鹤亭附近的梅花逐渐衰落。道光初期，新一轮大规模的梅花补植开始，再造盛况。正如孙原湘在《孤山探梅歌》所唱："山南万花雪皎皎，山北花犹似珠小。人穿花中雪乱飞，玉枝杈出牵衣人。一亭亭亭出花顶，花影纵横间人影。但香海白四围，不见明湖绿千顷。"当时梅花种植的方式以片植或群植为主，延续了宋代梅林配植的形式。

现在的孤山、灵峰和西溪为杭州三大赏梅胜地。孤山梅花主要分布在放鹤亭、孤山东西平地、北麓山坡、中山纪念亭坡地等处，或片植成林，或数株点缀水边，或种植于台

◀冯子振《檐梅》诗意　张展欣画
　陈苏题　153厘米×84厘米
▶冯子振《庾岭梅》诗意　张展欣画
　卢绍武题　153厘米×84厘米

冯子振《矮梅》诗意　张展欣画　石文君题　97厘米×180厘米

前守护着处士的英灵，或孤植于西泠凸显文人傲骨。2011 年中新网发布的"杭州孤山赏梅正当时"的消息称："孤山北麓放鹤亭一带是孤山梅花的主要集中地，山坡上下绵延数百米，或片植，或孤种，或丛植，错落有致。目前有梅花 300 多株，主要品种有白瓣紫萼的玉蝶型、花白萼绿的绿萼型、花萼皆紫的朱砂型以及重瓣粉红的宫

粉型，其中绿萼、宫粉在孤山较为普遍。

不同于其他赏梅景区，孤山梅花重在文化，重在历史，更重于其独特的生长地点："晴天观赏，一边是水光潋滟的西湖，一边是清秀高雅的梅花，别有一番韵味；即使在雨天观赏，一边是烟波浩渺的水面，一边是晶莹剔透的梅花，又是另一番风味。原来梅花花期已至，迫不及待在这

初春的季节绽放自己的娇嫩与清丽'。"

新闻工作者的神经总是最敏感的，他们的感受也是最真切的。杭州西湖孤山因林逋隐居种梅而著称于世。用时下最流行的话说，就是"名人效应"。站到历史的制高点上纵古览今，横视世界，不难发现那些有着千百年历史的人文名胜能活到今天，大都经得起自然的磨蚀和岁月的洗礼，其自身价值正体现在其历劫不灭，不断重建，不断塑造它生命载体的健与美，以坚韧和顽强向时间说"不"上。

我们今天游览这些梅花历史景观，不仅是看花看景，更是企望透过这些梅文化的天然载体，去寻找梅文化生存发展之道，寻找梅文化千年兴盛的内在动因。

七、梅花的象征意义

在中国古代植物意象的文化丛林里，山峦起伏，烟波浩渺，而梅花的文化象征意义一枝独秀，凸显于万木之上。时光荡涤了多少浮尘，托举起它看重的宠儿，梅花就是它的最爱。自唐至宋，赏梅风尚被持续推向新高，不断演绎、弘扬其象征的品德。

1. 格高。就是说梅花的天生品格是别的花卉所没有的。梅花是春天的第一枝花，是报春的第一个使者，这是梅花在开花时节这一点上天然的生物特性。人们喜爱梅花，赞美梅花，最原始的出发点也在于此。"俏也不争春"，她在春天里先于百花绽放，但她从不争春色，当大地春意盎然、百花盛开时，她已化作泥土，呵护着别的花朵。宋元的理学家甚至把梅花看作是"道"贯天地、生生不息的象征，是孤意先发的君子，"端如仁者心，洒落万物先"，是在道德修养方面先知先觉的践行者。

2. 清雅。梅花的花色素洁高雅，不火

2019年武汉东湖梅花节（图片由江润清提供）

老梅枝上着花多　张展欣画　李乾元题　144厘米×367厘米

不躁，不雍不浮，枝干疏淡，通体饱含清气，正是"色如虚室白，香似玉人清""质淡全身白，香寒到骨清""不要人夸好颜色，只留清气满乾坤"。超凡脱俗是她的神韵和天然气质，这是世人向往和追求的最高境界。

3.傲骨。在万物萧条的严寒冬天，寒风凛冽，雪压霜欺，梅花却以其顽强的生命力，独自绽放。陆游说："雪虐风饕愈凛然，花中气节最高坚。"杨维桢说："万花敢向雪中出，一树独先天下春。"人的一生，不论是达官贵胄还是凡夫俗子，不可能不遇到困难和挫折。梅花抗御恶劣环境的打击，面对百般欺压而独善其身，以铮铮铁骨独秀于林而赢得万物的景仰。这一点正是人们终身效仿和追求的原始动能。

如果说前面介绍的10个梅花景观是历史的沿续，那么湖北武汉东湖梅花景区则是现当代兴建的著名赏梅胜地。

武汉本就是楚文化重要的发祥地和中心区域。武汉人爱梅、惜梅、植梅历史久远，早在秦汉时期，长江两岸遍生野梅。武汉人得早期识梅驯化之先机，在唐宋时期就以植梅、赏梅为时尚。明清时期武汉人已将黄鹤楼、卓刀泉、梅子山梅花景观作为闲暇清享的绝佳去处。20世纪30年代武昌银行家周苍柏在东湖之滨创建海光农圃开始植梅。1955年3月东湖风景区管理

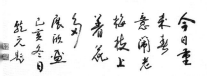

处在小梅岭举办第三届梅花展，展出古桩梅百余盆和该处培育的绿萼、朱砂、宫粉、铁骨红、玉蝶等珍稀品种400多盆，吸引全国同业界的广泛关注。1956年当地政府在此地兴建梅园。经过几代花卉园林科学工作者的辛劳付出，东湖梅园现已占地800余亩，定植梅树2万余株，成为当今中国四大赏梅景观之一。武汉东湖梅园地处华中，有自己独特的区位优势。

智慧生香。梅，蔷薇科杏属小乔木、稀灌木植物。长时间人工驯化栽植，常常容易引起品种的退化和变异。东湖梅园又恰是中国梅花研究中心所在地，科技工作者在此专门建立梅圃，从四川、湖北等地收集野生梅花资源，通过引种、选育、杂交授粉等途径，开展一系列的梅花品种收集保存和栽培技术研究，还分别从日本、美国、法国引进27个品种。目前东湖磨山梅园已收集保存和种植了单瓣品种群、宫粉品种群、玉蝶品种群、朱砂品种群等11个梅花品种群的340种，共2万多株梅花。中华境内60%以上的梅花品种都出自这里。目前世界上保存梅花品种最多、最全的种质资源库也设在这里。仅国际品种登录品种就有163个之多。在这里你能欣赏到别的地方没有或者珍稀的"小红长须""白须朱砂""金钱绿萼"等具有特殊保护价值的品种。还能看到垂枝品种群中具有台阁现象的"红台垂枝"和"台阁绿""萼黄香""黄金鹤""黄金梅"等珍稀品种。东湖梅园集科研和对外开放观赏于一体,这是别的梅花景观所不可比的。园区内每一朵清雅的梅花背后凝聚的是几代科研工作者的智慧和汗水。可以说满园绽放的梅是用智慧浇灌的,那花的香是汗水渗发的韵。

"梅宗"群芳。在东湖梅园景区建立了一个占地150亩,专门用来保护古梅的区域,名曰"古梅园"。在这里集中栽种从全国各地收集来的百年以上的古老梅树158株,其中树龄达300年以上的有20多株,树龄最长的尊者已800多岁。这些经历几个世纪风雨洗涤的古梅树,从四面八方集合到这里,为的是纯化血统正脉,为繁育新品种提供健康优良的基因。这一群尊者中有600多岁的炒豆梅;有500余岁的复瓣跳枝;有400余岁的江梅;有300余岁的雪梅;有200余岁的铁青红等。这些存活的健硕的古梅,它们是梅花族群中高寿长者行列里的翘楚,被尊为梅宗,当之无愧。它们

在这里集体绽放,是梅花集群真实、自然、鲜活的代表,是梅花顽强生命体最有力的证据。如此这般,意义非凡。

伟人之光。一部梅文化史揭示了一条千载不变的道理,梅花天然的生物性传播能力总是有限的,只有历史文化名人的加持,才能使其持续的传播效应无限放大。就现当代梅花景观而言,国内任何一处景观都没有武汉东湖梅园如此崇高的殊荣。

2013年湖北日报传媒集团顺民意,精心组织制作了专题纪录片《东湖梅岭毛泽东》,用一组组历史镜头和一幅幅珍贵历史照片,叙说着毛泽东主席与武汉梅岭的不解之缘。该片上传到网上获数千万民众观看点赞。而东湖梅园的工作者依据毛泽东在东湖的视频资料和历史照片,在梅园的大门,制作了一座浅浮雕影壁。走进大门就能看到在一棵绽放的梅树前,坐在藤椅上的毛泽东同志,气定神怡,泰然自若地注视着远方。雕像右上方刻着毛泽东自书的《卜算子·咏梅》。整座影壁如天造地设般置身在梅园景观之中,它导引着进入梅园的路径。

武汉东湖梅园正门影壁(图片由江润清提供)

来东湖赏梅便从这里开始，同时它也在向世人叙说着东湖梅园的峥嵘过往和美好未来。

百景同赏。1984 年武汉民众推举梅花为市花。武汉除东湖梅园的梅花种植规模最大、品种最多之外，还有武汉园博园、青山公园、汤湖公园、沙湖公园、洪山广场、黄鹤楼公园、解放公园、中山公园、紫阳公园等 80 多个景点，都种植了梅花，规模大小不一，有的成片成林，有的散种成群。一到花季，满城的梅花争相开放，四处弥漫着淡雅的清香，映照出生活在这城英雄城市人民的华美风采。

梅花就总体而言，最大直径不过数厘米，然而在这个微小的世界里却透出历史文明的沧桑和人们精神追求的大乾坤；花瓣很薄，却积淀和承载着厚厚的民族文化基因；花蕊四射散发，却集聚着华夏子民千百年来的内心追求。亿万朵梅花汇合就是一片花的海洋，花海扬波，激荡的就是历史前行的波潮。

梅花，脱弃花色脂粉之气，以其昂扬的气节、顽强的意志，成为世人追求的人格"图腾"。正因为如此，在梅花身上才演绎出跌宕起伏、意蕴无穷的经典故事，才有如此绚丽多姿、根深叶茂、历久弥新、活力四射的梅文化。

冯子振《照水梅》诗意　张展欣画　张鸿飞题　153厘米×84厘米

冯子振《梦梅》诗意　张展欣画　陈浩题　153厘米×84厘米

第二章 ❀ 典故之梅

梅，这株古老而伟岸的大树，在华夏几千年的时空里，傲霜斗雪，英姿绽放，演绎着无数瑰丽多彩、无限传奇的故事，这些故事世代相传而成为经典。它是远古的钟声，穿越时空，敲击我们的耳鼓，撞击我们的心灵。围绕梅花而展开的故事或委婉动人，或慷奋昂扬，或百折不挠，或坚贞素心，它是当今的华章、浓缩的经典，吸引我们的眼球，震撼我们的灵魂。

今天翻阅这些故事，感受故事中主人翁的体温，与他们的灵魂共眠，梅花无时不在身旁伺候，暗香徐来，悠悠扬扬，持久飘芳。

一、梅花妆，映梅痕

在当下许多表现古代人生活的影视作品中，常能见到梅花妆。其实，这种女性装饰面容的方法，传统、久远。说来话长，南朝宋的开国君主刘裕虽横刀战场，刚强豪悍，在家中却父爱满满。他将女儿寿阳公主视为掌上明珠，宠爱有加。据说某日寿阳公主与宫女们在宫廷里嬉戏，闹腾过一阵后，寿阳公主感觉有些倦意，便仰卧在含章殿的檐下小憩。殿前有一株梅花正凌寒绽放，一阵微风拂过，梅花纷纷飘落，其中有朵梅花正巧落到寿阳公主的额头上，一会儿便粘住了，怎么也揭不下来。三天后梅花被清洗下来了，但经汗水渍染，公主的前额留下梅花五个花瓣的淡淡的花痕。恰巧是这个点缀，使寿阳公主

更显得娇柔妩媚、靓丽可人。皇后见状，异常欣喜，特意让寿阳公主保留着它。上天的作品，给美人送去的是装扮的新途，打那以后，爱美的寿阳公主便时常摘一朵梅花，贴到自己的前额上，以助美观。

美的传播力是巨大无声的，宫女们见此，惊讶称奇，纷纷仿效。每个人都去摘梅花贴于额头，一种新的美容术就此诞生了，当时被称为梅花妆。到唐代逐渐演变成在额头上画一圆点，或画多瓣梅花以装饰。

这种装扮传到民间，也成为民间女子、官宦小姐以及歌妓舞女们争相效仿的时尚妆容。

梅花妆饰最早记载于北宋初年所编的大型类书《太平御览》中。梅花的神奇魅力，有史书为证。

二、一枝梅，传真情

信物，是作为凭证的物品，传递的是彼此之间的心灵密码。话说北魏有个叫陆凯的人，出身名门，祖父陆俊官拜西征大将军，父兄也都是朝廷命官。他15岁就步入社会，给皇帝当亲近侍从。陆凯任要职十多年，"以忠厚见称，希言屡中，高祖嘉之"。后来又出任正平太守7年，人称良吏。

陆凯与《后汉书》的作者、南朝著名的史学家、文学家范晔彼此知心，情谊深厚。当时我国南北方正处于敌对状态。陆

凯是鲜卑人，为北魏效力，而范晔是汉人，是刘宋王朝的臣子。当时两个敌对方的官吏是不可以密切来往的，但陆凯和范晔两人私交颇密，暗地里不断通信，相互诉说对时势的看法，有时也发泄一些感慨和愤恨，相互投缘，情感暗契。

北魏景明二年（501）冬，陆凯率兵路过梅岭，正值梅花盛开，眼前的景色令这位北方的军人异常兴奋，他从未见过如此美景，置身花海，撩人情思。他勒住前行的战马，回首北望，陡然想起了好友范晔，恰就在这时，北去的驿使正迎面过来。陆凯跳下马，折一枝梅，写了一首短诗，一起装进信封里，悄悄地交给驿使，并叮嘱他一定要交给江南的范晔。

没几天，远隔数百里、身在江南的范晔收到陆凯的来信，拆开一看，里面赫然放着一枝梅花，并有诗一首："折花逢驿使，寄与陇头人。江南无所有，聊赠一枝春。"陆凯此诗虽寥寥二十字，却饱含深情，意蕴纯厚，超越了国别和民族界限，深深地表达出宽阔的胸襟与真挚的情谊。范晔捧着那一枝梅花，细品良久，思绪起波澜，往事越无数。陆凯一身清白，忠贞爱国，自愿离别都城，远赴蛮荒的岭南，这种家国情怀令人敬佩。

好事传千里，陆凯以梅传情的故事传出之后，南北两方文人无不备加赞许。梅留清香，千年依然。陆、范也史册留芳，

后人为铭记此事，以"一枝春"作为梅花的代称，也常将之用作咏梅和别后相思的典故，并成为词牌名，诵咏至今。

三、师雄梦梅

唐代大文学家柳宗元，他是真实地生活在华夏时空中的凡夫俗子，山可以做证，水可以回映，树可以发声，他那诸多名篇描绘的山水、树木依然矗立在天地间。他在《龙城录》中记载了这样一个典故。在隋开皇年间，有赵师雄游罗浮，留下一段"师雄梦梅"的千古佳话。

说的这个赵师雄，隋朝睢阳人。几经跋涉，他来到罗浮山梅花林间的一间酒肆旁，还未驻足，突然觉得夜色开启，天寒地冻，雪花飞舞，又冷又饿，欲去酒家喝个小酒取暖。这时，一位素服淡妆、美若天仙的女子飘然而至，赵师雄启步上前，与她热情攀谈起来。

那美女微笑作答，口齿伶俐，语藏暖流，一身清香幽然地散发出来，摄人魂魄。赵师雄瞬间被迷住了，手足无措，欣喜不已。此时美女又盛情邀请他小酌。陡然降临的喜事令赵师雄不能自已。他叩开酒家的门，两人倚窗而坐，举杯共饮。只见皎洁的月光如倾如泼地洒落在残雪漫野的林中，一个身着绿衣的童子，一边歌唱，一边在林间穿行。赵师雄不知是醉了酒还是被美女迷住了，渐渐进入醉意朦胧的梦境，斜靠在椅子上睡着了。

▶冯子振《雪梅》诗意　张展欣画
胡焱题　153厘米×84厘米

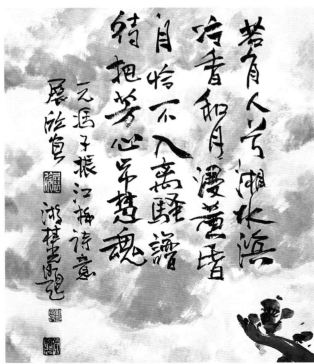

▲冯子振《江梅》诗意　张展欣画
　　游桂光题　153厘米×84厘米
◀《江梅》诗意　局部

一阵翠鸟的鸣叫声把他唤醒了，顿觉寒风袭身。赵师雄揉开眼一看，自己躺在一株老梅树下，美女、童子已无踪影。

赵师雄跑进梅林，四处寻找美女和童子的身影，没见半点痕迹，只见一根虬曲的古梅枝上，有一只小巧玲珑的翠鸟，在枝头跳跃玩耍，仿佛要与他交流，对着他叽叽喳喳地叫个不停。

这时，月亮已躲进了地平线，天边闪烁着几颗稀星，正是欲晓时分。赵师雄独自一人，十分惆怅，拍胸顿足，后悔不已。原来他在这儿遇到的美人就是梅花女神，绿衣童子便是翠鸟。

这则赵师雄在罗浮山与梅花女神奇遇的故事，虽不复杂，却富有幻想，且美丽动人。这说明，当时人们喜爱梅花。柳宗元这篇不在现场的散文，却有它真实的元素，在唐朝时罗浮山确实有很多梅花。《罗浮山志》中有唐朝著名状元宰相常衮的"砍梅开田千余亩"的记载。柳宗元出身世宦之家，他晚于常衮四十四年出生。柳宗元记载的师雄梦梅的故事是在他被贬柳州之前还是之后，目前已不能考究清楚。但有一点是明确的，南宋以来，这一故事广为咏梅诗词采为辞藻典故。洪迈的《谷斋随笔》卷一〇中云："今人梅花词多用'考参'字，盖出柳子厚《龙城录》赵师雄事。"这则故事的深远影响，在于它创造了一个梅花仙女的美丽传说。文化的传承像新疆的和田玉，在历史的长河中浸润得越久越有魅力，经历代文人演绎传播，"师雄梦梅"已成为诸多梅花故事中最著名的典故，师雄梦梅赋予了梅花美妙而超逸的韵味，早已浓缩成梅文化的结晶，后人把"梅花梦"称为"罗浮梦"，罗浮山也成了梅的代称。

四、踏雪寻梅

在现代人的眼里，踏雪寻梅好不浪漫，其实当年的孟老夫子寻的是一种境界，一种诗一样的人生。无疑这也是浪漫的孟浩然留在文学史里最为励志的故事。孟浩然，字浩然，襄州襄阳（今湖北襄阳）人，世称孟襄阳。其少好节义，喜济人患难，工于诗，是唐代的大诗人。年四十游京师，唐玄宗诏其咏诗，至"不才明主弃"之语，玄宗谓："卿自不求仕，而朕未尝弃卿，奈何诬我？"因放还未仕，后隐居鹿门山。孟浩然与山水田园诗人王维是最亲密的朋友，书信往来频繁。有一年王维从长安来到襄阳，孟浩然喜出望外，并立即准备宴席，为王维接风洗尘，同时邀襄阳当地名流一起赋诗作文，以助酒兴。酒过三巡，孟浩然以主人身份吟出"千瓣梅花傲霜雪，春笋遇雨日三尺"两句诗开头，自认为是佳句。正当他得意时，王维不紧不慢举杯唱和："积雨空林烟火迟，蒸藜炊黍饷东菑。"话音未落，四座皆惊，在场者无不肃然起敬，一致称赞王维的诗技法高超，格局高远，意境非凡，都纷纷向他求教作

一剪罗浮度春岁寒
心事许谁论风请自白
三弄笛更有几人同扣门
天冯子振诗意后次
屏次画

冯子振《问梅》诗意　张展欣画　何家安题　129厘米×248厘米

诗之道。王维推脱不过，只好客气道："万千字词任其用，诗之精灵在四周。"出现这种局面是当初孟浩然未料到的，从未有过这种尴尬，更强烈地刺痛诗人的内心，聪慧的孟浩然当时虽然脸挂愧色，但很快就调整了心态。送走王维，他就下决心去拜天地为师，体察天地间一年四季山水景色变化的自然之美，恶补自己对自然感悟的不足。

文人发自内心的行动是坚定执着的，就在襄阳鹿门山到大王洲的汉水沙滩，多少年人们都可以看到这样一幕：从寒冬到酷暑，一个中年男人独自在江边的沙滩上走过来，走过去，他一不过河，二不候客，时而抬头远眺群山，时而俯视江面，嘴上还念念有词地低声吟唱着。一年三百六十五天始终如一，即使是寒风凛冽的冬季，也从未间断。恰恰在大雪纷飞时，雪下得越大，他越是精神抖擞，不停地在鹅毛大雪覆盖的雪地里，寻找着什么东西。

来往渡口的乡亲们百思不解，便好奇地问道："浩然公，天气如此寒冷，您一个人在沙洲上走来走去，是在寻找什么东西吗？"孟浩然抬头望了问者一眼，乐呵呵地答道："我在这里寻梅。"还果真是，听他这么一说，乡亲们看着他在雪地里踏出的一个一个的脚印，恰似一朵朵梅花散落在大王洲上。有好事者见状，口占一首打油诗送给孟浩然："数九寒天雪花飘，

大雪纷飞似鹅毛。浩然不辞风霜苦，踏雪寻梅乐逍遥。"

知不足而勤进，数载观察体验，感悟自然无穷的魅力，厚积而发，使得孟浩然的诗作登上了新的艺术高度。他46岁游京时，适逢中秋佳节，长安诸学者邀孟浩然赋诗作文，他以"微云淡河汉，疏雨滴梧桐"之句，博得众多在场诗人称绝。后来他写了许多好的田园诗，其成就与王维双峰并耸，被尊称为唐代最优秀的田园诗人。

"踏梅寻梅"被抽象成为高士雅趣的代名词，还有另一段文字记载。明末清初散文家张岱所著的文集《夜航船》里说，孟浩然情怀旷达，常冒雪骑驴寻梅，曰："吾诗思在灞桥风雪中驴背上。"传说，孟浩然离开长安回襄阳，骑驴经过灞桥，此时瑞雪纷纷，乾坤茫茫。近处，灞桥如雪堆，栏杆似玉砌；远处，几株梅枝纵横交错，梅花争相绽放。一时之间，孟浩然诗兴大发，欲雪中咏梅，于是一边在风雪之中的驴背之上苦苦推敲，一边呼唤童儿在前面引路，踏雪寻梅。从此，孟浩然在风雪中骑驴过桥，踏雪寻梅，成为一段千古佳话，也成为后世文人墨客吟诗作画常常借用的题材。

1000多年了，孟浩然踏雪寻梅的故事一直在传颂，多少文人墨客与孟浩然的脉搏共振：寻的是战冰斗霜的梅，品的是寄

冯子振《咀梅》诗意 张展欣画 吉成方题 129厘米×248厘米

寓在梅花身上的格。

五、梅花精的命运

一说到"精"，人们首先会联想到的是妖精。然而这个梅精是娘生凡胎，是在大唐的时空里生存过的大美人。她就是江采萍，号梅妃，闽地莆田（今福建莆田）人，其出生在悬壶济世的医道世家。梅妃九岁时能吟诵《诗经》中的《周南》和《召南》。她早慧懂事，对其父说："吾虽女子，当以此为志。"其父见她小小年纪有如此大的志向，极为赏识。

梅妃爱梅如狂，其父江仲逊知女儿心，不惜重金寻各种梅树，种满房前屋后。

日日得梅熏，深烙梅之气节，使得梅妃端庄秀丽，高雅娴静，玉树临风，令远近许多年轻人感叹：谁家儿郎有此等福气，能娶她为妻，是三生修来的福呀！

这个出生于福建莆田的女子，不仅貌美如花，而且还精通音律，更擅长诗词歌舞。如此才貌双全，天造尤物，她的命运注定成为不平凡的传奇。

737年，唐玄宗宠爱的武惠妃病逝，太监高力士自湖广历两粤为玄宗选美。高力士到闽地后，探听到江家有女清丽绝世，于是千方百计以重礼相聘。江家拗不过朝廷，只得顺应。高力士携江采萍回长安，从此，她便平步青云成为玄宗的宠妃。

据史书记载，当时宫中有名号的嫔妃计有 121 人，宫女有 3000 人之多。她们个个浓妆艳抹，盛装俗饰。江采萍的出现，却给宫中吹来了一缕清风。她虽然得宠，却心静如水，从未被皇宫的一切富丽堂皇迷惑，依旧保持着她那南方女子的淡雅明媚。她凭借着独特的风韵气质，在后宫嫔妃中清丽脱俗，一枝独秀。更难得的是，入宫后，她从小喜梅惜梅的秉性不改，在她住所周围，种满了梅花，花开时节，徜徉其间，赏花作赋，悠然忘我。风流的玄宗也会怜香惜玉，十分欣赏她对梅花的这份痴爱，并加倍宠幸，赐东宫正一品皇妃，称其为梅妃，命人在其宫中种满各式梅树，还亲笔题写院中楼台为梅阁，花间小亭为梅亭。梅妃的爱梅之情，如狂如痴，博得皇帝欢心，笑称她为"梅精"。一日唐玄宗和江采萍在园内赏花，唐玄宗对江采萍说，闻你会写诗，作一首试试。江采萍略思片刻，便吟诗一首，正巧刺史韦应物和刘禹锡前来上奏。这两位家喻户晓的大诗人，听到梅妃写的诗，都忍不住夸江采萍是仙中才女。

江采萍梅精附身，化脱不开，每当梅花盛开时，她便无时无刻不流连于梅树之下，嗅那梅花的淡雅幽香，吟诗起舞，观那老梅凌雪不屈、铁骨凛然的风姿，享受梅花带来的慰藉和快乐。这里就是世外桃源，后宫那些是是非非、尔虞我诈之事，在梅林中，如飘落的花瓣，微不足道。

人的命运往往无法自我把控，这位"梅精"的命运因为那位胖姑娘杨玉环的出现而被彻底改变。玄宗与杨贵妃之间的爱情故事，《长恨歌》已演绎得精彩绝伦，在此不赘。梅妃失宠，沦落至"寂寞梧桐深院锁清秋"的地步。杨贵妃一句话，梅妃便被打入冷宫。她寄希望于玄宗能念旧情，亲写《楼东赋》给玄宗，并随附白玉笛。可玄宗对以前的事似乎忘得干干净净，长时间沉默不语，助长了杨贵妃的跋扈专横。玄宗到底对梅妃心有愧意，命人把外国使节进贡的一斛珍珠送给梅妃。梅妃坚决不要，并以《谢赐珍珠》一诗回绝。天宝十四载（755）冬，安禄山起兵叛乱。次年六月，唐玄宗携杨贵妃姊妹等一家从延秋门出走，压根没想到冷宫里还有一个梅妃。当时朝廷百官也不知道皇帝已出逃。

等唐玄宗回京后，想起还有一个梅妃被关在冷宫，便派人去找，寻遍冷宫内外就是不见梅妃踪影。不知过了多少时日，太监们才在温泉池东边的梅树底下，发现了梅妃的遗体，外面用锦褥裹着，上面堆着差不多三尺厚的土。生有梅做伴，死后梅做魂，唐玄宗见状放声大哭，并以妃礼改葬。又命人在她的墓地四周种满各种梅树，亲撰祭文，以念"梅精"。

梅妃的傲骨清香，至今依然在华夏梅文化的历史长河中惊涛拍岸，波涌浪滔，令无数人赞叹景仰。

六、一首早梅压群雄

盛世的唐朝，是一个处处流淌诗歌的国度，其诗内容丰富，形式多样，流派众多，对后世影响广泛而深远。

说起唐代的诗人，很多人脑子里很快闪出李白、杜甫、白居易等，因为从小学到大学的语文教材中都有他们的诗作。然而有一位诗人，《全唐诗》中共收录其诗作八百余首，位居第五，却一时叫人想不起，他就是齐己。

齐己，本姓胡，名得生，潭州益阳（今属湖南宁乡）人。出生在一个穷苦家庭，六岁多就和其他佃户家庭的孩子一起为寺庙放牛，一边放牛一边学习作诗，常常用竹枝在牛背上写诗，而且诗句语出天然。寺庙的老僧听了他的诗句，都觉得他是个有慧根的孩子，便劝他出家为僧。齐己出家后，更加热爱写诗。成年后，齐己四方游学，开阔了视野，丰富了作诗素材，为他跻身唐代大诗人群体奠定了基础。他和中晚唐的皎然、贯休三人并称"三大诗僧"。三人中他的传世作品数量最多。

在他的众多诗作中，影响最深远的当数《早梅》："万木冻欲折，孤根暖独回。前村深雪里，昨夜一枝开。风递幽香出，禽窥素艳来。明年如应律，先发望春台。"

这首诗以清新简洁的语言，生动形象地描绘出寒冬早梅孤傲的品质和素艳的风姿。而全诗最耐人寻味处在"前村深雪里，昨夜一枝开"。若仅从字面上看，平淡无奇，但仔细咀嚼，便品出其深藏的匠心，其展现的是全景式的梅花之"早"的最佳时空，"前村"的梦幻，"昨夜"的推测，都非目睹之实景，但又真实可信，传递出的是早梅生机乍泄、春讯暗访的信息。有人说寻遍《全唐诗》，此佳句是唐人咏梅中最难得的经典妙语，也是古代咏梅史上关于早梅最为绝伦的表达。

这首诗背后还有一个关于推敲的一字之师的故事。

据《唐才子传》记载，齐己的《早梅》中，原来这两句是："前村深雪里，昨夜数枝开。"一日他带着这首诗去求教于当时的著名诗人郑谷，希望能得到他的指点和推荐。郑谷读罢全诗，已是赞不绝口，但他觉得还不够精彩，缺乏爆发性的"诗眼"，他沉吟了一会儿说："'数枝'非早，不若'一枝'则佳。"齐己一听，眼前一亮，早梅的境界出来了，诗味更浓烈了，深为叹服，大拜致谢，这一字之妙，点燃了全诗热度。后人把这一字之师，传为百世佳话。

七、梅妻鹤子

凡喜梅者无不知晓杭州有许多赏梅胜地，尤其是杭州西湖的孤山累积着厚厚的名人赏梅的典故。最著名的当数北宋著名诗人林逋，这里有他的放鹤亭，他长眠于

一枝开
里昨夜
村深雪
独回首
孤根暖
数折
不津

齐己早诗意
陵欧书
乾元七

此，化作酥雨春泥，呵护着梅花千年绝艳。

林逋，字君复，少年丧父，恬淡好古。成年后，漫游江淮，后隐居杭州西湖孤山之下，常年足不出户，以植梅养鹤为乐。他钟情于梅花，四处寻访，只要遇到好的品种，不问贵贱，他都会千方百计购回。闲暇时便独自陪伴院里的梅与鹤，并把全部的情思寄托在它们身上。他养了好几只白鹤，常常把它们放出去，任它们在云霄间翻腾盘旋，自己则坐在屋前仰头欣赏。

齐己《早梅》诗意 张展欣画 李乾元题 144厘米×367厘米

白鹤飞累了、饿了，便会飞回来。天长日久，白鹤和林逋心灵相通，互有感应。有时林逋出游，家里的童子将鹤放出来，白鹤就会在林逋所在地的上空盘旋，久久不肯离去。林逋常驾小舟游西湖，家里的鹤就会来报信。其中有一只仙鹤叫"鸣皋"，它特别通人性，每次家里有客人来访时，若林逋不在，童子便打开笼子，"鸣皋"便会飞去给林逋报信。林逋见到"鸣皋"便立即赶回来会见客人。

　　林逋终生未娶，又无子。他把毕生的情感全都倾注给了梅花与仙鹤，且如骨肉，密不可分，世人便以"梅妻鹤子"称颂他。

　　写诗是文人寄情言志的本色。林逋是中国历史上第一个着意大力咏梅的文人。现存作品中共有八首咏梅七律，世称"孤山八梅"，如此连篇累牍地咏梅、推崇梅花，前无古人。他的《山园小梅》脍炙人口，在诗词界燃烧的热度至今不减："众芳摇

桃香
羞初炉
天姿元
不月
犹余雪霜
态未肯十
分红
风顺堂
己亥作
冬月
乾元题

王十朋《红梅》诗意 张展欣画 李乾元题 144厘米×367厘米

落独暄妍，占尽风情向小园。疏影横斜水清浅，暗香浮动月黄昏。霜禽欲下先偷眼，粉蝶如知合断魂。幸有微吟可相狎，不须檀板共金樽。"

这首诗不仅把幽静环境中的梅花倩影和神韵写绝了，而且还把梅品、人品融汇到一起，其中"疏影""暗香"两句，更成为咏梅的千古绝唱。随着宋代咏梅风气的盛行，林逋之名与孤山梅花在文坛久盛不衰，宋代诗人王淇有"不受尘埃半点侵，竹篱茅舍自甘心。只因误识林和靖，惹得诗人说到今"之句。后世又出现了"潇洒孤山半支春"（赵孟頫诗）、"明月孤山处士家"（陶宗仪诗）、"幽人自咏孤山雪"（文徵明诗）等句子。从北宋开始，由于"梅妻鹤子"这个典故和林逋诗句的影响，孤山赏梅兴旺了几百年。冬天里的一把火，点燃了文人们咏梅思语的激情。

八、苏东坡心中最美的一朵梅

世人无不知道苏东坡是位多情多艺的天才，他是宋代最伟大的文学家，其诗词、散文、书法均成就卓著。他在咏梅方面也是贡献杰出，计有诗歌 42 首、词作 6 首。苏东坡留下的"梅"，清新明丽、朴素自然、幽独飘逸、别具风韵，寄托着他一生宦海沉浮、漂泊流贬的生活体验与坚贞不屈、清旷超越的气节和情操。

苏东坡一生命运多舛，政治上失意，多次被贬。最幸运的是他有 3 位妻子陪伴他的一生。前两任分别是王弗和王闰之，她俩先后都是苏东坡生活中非常出色的助手。可惜，王弗 26 岁病逝，王闰之陪伴苏东坡走过人生中特别重要的 25 年，后也不幸离他而去。

王朝云原为苏东坡买来的侍妾。她自幼家境清寒，沦落在西湖歌舞班中。她天生丽质，聪颖灵慧，能歌善舞，虽混迹于风尘之中，却独具一种清新洁雅的气质。宋熙宁四年（1071），苏东坡的命运再一次被改变，他反对王安石新法遭到打压，被贬为杭州通判。一日，他与几位好友同游西湖，宴饮时招来王朝云所在的歌舞班助兴。悠扬的丝竹声中，数名浓妆艳抹的舞女，长袖漫舞。在这一群天仙般的舞女中，王朝云艳丽的姿色、高超的舞技，格外引人注目。舞罢，众舞女纷纷入座侍酒。王朝云来到苏东坡身边，苏东坡侧目注视，王朝云已换了装束，洗去了刚才的浓妆，完全是另一副打扮，她黛眉轻扫，朱唇微点，一身素净衣裙，楚楚动人，仿若空谷幽兰，清丽淡雅。这形象猛地触发苏东坡因世事变迁而黯淡的心。天作之美，本是丽阳普照、波光潋滟的西湖，天空突现阴云，景色像水墨画般黑白相映，具有朦胧奇趣。这情景瞬间点爆苏东坡的诗兴，他挥笔写下了传诵千年的颂西湖佳句："水光潋滟晴方好，山色空蒙雨亦奇。欲把西湖比西子，淡妆浓抹总相宜。"

这首诗明里看，写的是西湖的风光，而实际上寄寓的是苏东坡初遇王朝云时的心动感受。当时王朝云才 12 岁，虽年幼，却聪慧机敏。她十分仰慕苏东坡的才华，随后几十年长时间侍奉在苏东坡左右，特别是苏东坡最后在海南流放的岁月里，其他侍妾都先后离开，唯王朝云生死相依。人生落魄时最见世人心，这个比王朝云大 26 岁的"白须消散"病翁，能打动她的除了才智，还有一往情深。王朝云目光是

独到的，她自有定力，在三任妻子中，苏东坡给她写的诗最多，苏东坡称她为"天女维摩"，以知己待之。王朝云与苏东坡彼此相知之深，一举手一投足都知对方的用意。东坡所写的诗词，哪怕最轻描淡写的细微往事，也会触动王朝云敏感的神经，而王朝云的艺术气质，能歌善舞，对佛教的兴趣和对他内心世界的了解，与苏东坡十分投契。据毛晋所辑的《东坡笔记》记载，东坡一日退朝，食罢，扪腹徐行，顾谓侍儿曰："汝辈且道中是何物？"一婢遽曰："都是文章。"东坡不以为然。又一人曰："满腹都是机械。"东坡亦未以为当。王朝云曰："学士一肚皮不合入时宜。"东坡捧腹大笑，赞道："知我者，唯有朝云也。"由此可见王朝云对苏东坡的透彻了解。

34岁的王朝云扶正11年就病逝，东坡尊重王朝云的遗愿，于绍圣三年（1096）八月三日，将她葬在惠州西湖南园的栖禅寺的松林里，并亲笔为她写下墓志铭。葬后第三天，惠州突起暴风骤雨，次日，东坡带三子苏过前去探墓，发现墓的东南侧有五个巨人脚印，于是布道场，为之祭奠，并写下《惠州荐朝云疏》。在朝云逝去的日子里，苏东坡还写了《西江月·梅花》《雨中花慢》《题栖禅院》等许多诗、词、文章来悼念这位红颜知己。如这首《西江月·梅花》：玉骨那愁瘴雾，冰姿自有仙风。海仙时遣探芳丛。倒挂绿毛么凤。　　素面翻嫌粉涴，洗妆不褪唇红。高情已逐晓云空，不与梨花同梦。

这首诗，空灵蕴藉，言近旨远，给人以无限的遐思。上阕通过赞美岭南梅花的高风亮节来歌赞朝云不惧"瘴雾"。下阕通过写梅花艳丽多姿，不施粉黛而自然光彩照人，来赞美朝云天生丽质，不敷粉妆脸自白，不搽胭脂唇自红，进而写朝云纯洁高尚的情感，互为知己的情谊。全词以人拟花，又以花拟人，无论是写人还是写花都妙在得其神韵。

朝云死后，苏东坡一直鳏居，再未婚娶，他给朝云的楹联是："不合时宜，唯有朝云能识好；独弹古调，每逢暮雨倍思卿。"此后，苏东坡不知有多少夜雨孤灯的日子，朝云这朵"冰姿自有仙风"的梅花，长久地占据着他深情思念的天空。

九、中国第一部梅谱

历史和当下往往有这样一种现象，人们对信息的记忆和储存都有一种共性，文化、艺术、体育等事件，最让人记忆深刻的总是"第一"。

时光的尘埃累埋近千年，今天的人们还记得是谁编撰了中国第一部梅谱吗？不是别人，那就是南宋名臣、文学家、诗人范成大。

其实范成大本人对梅花的兴趣似乎不是特别浓，比起林逋或南宋后期那些嗜梅如命的江湖人士还欠热度。所以在他的文学作品中，咏梅和品梅的诗作，无论数量还是内容都有所不及。但他的故乡苏州，当时正是艺植梅花最为兴盛的时期，这种故土风情的影响，无形中改变着他的人生轨迹。恰在这时，他在求田问舍，希冀有自己最中意的私家园林。他广收梅花品种，在自己所经营的私家园林及所居的范村中种植。经济上有实力支撑，且自己乐意去干，又有出色的诗词才华，涉猎亦广泛，有深厚的山川风土、文物掌故、民俗物产等方面的知识储备，把散落的珍珠串连在一起，就是我们今天看到的《范村梅谱》。他在自序中说：

冯子振《折梅》诗意　张展欣画　彭石题　153厘米×84厘米

冯子振《柳营梅》诗意　张展欣画
陈东成题　153厘米×84厘米

　　梅，天下尤物，无问智、贤、愚、不肖，莫敢有异议。学圃之士必先种梅，且不厌多。他花有无、多少，皆不系重轻。予于石湖、玉雪坡既有梅数百本，比年又于舍南买王氏僦舍七十楹，尽拆除之，治为范村，以其地三分之一与梅。吴下栽梅特盛，其品不一，今始尽得之。随所得为之谱，以遗好事者。

　　接着他介绍了众多梅花品种的特点，计有江梅、早梅、官城梅、古梅、重叶梅、绿萼梅、百叶缃梅、红梅、鸳鸯梅、蜡梅等。从这些描绘中可以看到范成大对梅花的分门别类、形态特征、花色果实、正名渊源、栽培方法是颇有研究的。

　　范成大在后序中又说道："梅以韵胜，以格高，故以横斜疏瘦与老枝怪奇者为贵。"他的这一审美主张，几乎成为后世论梅花神韵者言所必称的基本信条。

范成大六十七岁时撰成的《范村梅谱》，是我国乃至世界上第一部梅花专著，它集中记述了当时最重要、最基本的梅花品种。其提供的名称和对性状的准确描述，奠定了中国梅花品种知识的基本体系，为中国梅花全产业链的发展，做出了不可磨灭的历史贡献。

十、吃一朵梅，吐百篇诗

如今"吃货"这个词使用频率极高，多少人都在自称是吃货。一言曰："爱吃，美食家也。"你吃过那么多佳肴，去过那么多名店，然而你吐出来的是什么呢？

有这么一个人，他会吃，更会"吐"，更有人封他为吃货，那就是南宋著名文学家、诗人杨万里。

杨万里最喜欢用梅花蘸着蜂蜜食用，其在《长安叔招饮》诗中写道："南烹北果聚君家，象箸冰盘物物佳。只有蔗霜分不开，老夫自要嚼梅花。"杨万里的吃货人生精彩吧，嚼着芳香清甜的梅花，"吐"出来的诗也是掷地飘香："瓮澄雪水酿春寒，蜜点梅花带露餐。句里略无烟火气，更教谁上少陵坛。"

同时，他还喜欢"清吃"，就是书上说的攀花嚼蕊。1174年正月，杨万里外派赴任之前，文友同事在西湖边为其饯行。当时山谷里的梅花绽放，十里花

海，诱开味蕾。杨万里对宴席中的佳肴不感兴趣，独自一人倚在一株老梅旁，摘一朵吃一朵，吃一朵摘一朵。有人问他味道咋样，他说，这种浪漫天然的味道，神仙都不一定体味得到。可见他真是品出其中之味了。

杨万里还用梅花熬粥。他在《落梅有叹》中是这样记述的："才有腊后得春饶，愁见风前作雪飘。脱蕊收将熬粥吃，落英仍好当香烧。"

没有诗人不爱酒，梅花浸酒那也是琼浆玉液呀！你看杨万里又是如何赞美的："酒香端的似梅无，小摘梅花浸酒壶。莫道南枝独醒着，一杯聊劝雪肌肤。"

餐花嚼蕊，不是简单的饮食行为，更是对梅花清逸之神韵、高雅之格调的深度认同。杨万里一生作诗2万多首，传世作品有4200多首，这当中与梅花相关的诗词约200首，而他在诗歌中还数次写到食梅的方法。

有人说，杨万里嚼一朵梅花，"吐"百篇诗歌，似乎言之不过。

十一、抱得美人归

南宋著名词人姜夔，因写了两首梅花词而赢得芳心赏悦，成千古佳话，也令人艳羡。这个姜夔，字尧章，号白石道人，出生在鄱阳（今属江西）的一个破落官宦之家。他小时候就跟随父亲到任职地，父亲死后，14岁的姜夔投靠姐姐居于汉

阳，后旅食于江淮一带。其间，4 次回乡参加科举考试，均名落孙山。仕途不顺的姜夔四处流寓。大约在 1185 年，他来到湖南，认识了诗人萧德藻，两人情趣相投，结为忘年之友。萧德藻十分赏识他的才华，特将自己的侄女许配给姜夔。1186 年冬天，萧德藻调任湖州，姜夔决定随萧家同行。第二年暮春，萧德藻赴湖州上任途中，经杭州时，介绍姜夔认识了著名诗人杨万里，杨万里称他"为文无所不工"，又把他推荐给另一位著名诗人范成大。范成大读过姜夔的词后，极为喜欢，称他的词高雅脱俗，翰墨人品酷肖魏晋人物。

在湖州居住期间，姜夔仍旧四处游历，往来于苏州、杭州、合肥、金陵、南昌等地。姜夔所处的时代，士大夫赏梅、咏梅已成时尚。作为江湖文人，他对梅花的幽雅清峭更是情有独钟，有人对他的诗词做过统计和分类，他现存词 84 首，咏梅和探梅纪游之作 19 首，其他涉及梅花的作品 9 首。现存诗作 180 余首，咏梅诗 4 首，其他涉梅诗 4 首。

1191 年冬天，姜夔再次来到苏州，谒见范成大，喜作《雪中访石湖》，范成大作诗唱答。一有余暇，他就与范成大去踏雪赏梅，范成大趁机向他征求歌咏梅花的诗作，姜夔便认认真真地填《暗香》《疏影》二词。范成大阅后喜出望外，令家妓小红习唱。此二词音节谐婉，点化典故，写梅形象，妙在若即若离、不即不离之间，离形得似，虚处传神。小红姑娘一开口，姜夔双眼便绽放出异样的光芒。文人的心是相通的，范成大深知姜夔此刻的心境，于是顺水推舟把小红送给他。

除夕夜，姜夔在大雪之中乘舟从石湖返回他在苕溪的家，途中诗兴大发，作七绝 10 首。因写梅花词，抱得美人归，自然春风得意，在过苏州吴江垂虹桥时，吟出："自作新词韵最娇，小红低唱我吹箫。曲终过尽松陵路，回首烟波十四桥。"

那水波合着箫鸣，至今还在人们心中荡漾。

十二、傍梅读《易》

望文生义，看着这个题目，就明白是背倚老梅树读《易经》。

《易经》，它是儒家的原典，是万经之首，自古以来被称为经典中的经典、哲学中的哲学、科学中的科学。《易经》有三大原则：一是简易，万事万物都是非常简单的，大道至简；二是变易，万事万物都是随时变化的，没有不变的人和事；三是万事万物变化有一定的规律可循。《易经》《老子》《庄子》并称"三玄"，是历代道教素隐之士最为青睐、常常捧读的典籍。特别是宋代，随着理学的兴起，《易经》备受理学之士的推崇。读《易经》便成了他们体悟自然阴阳变化、证求天理流

冯子振《老梅》诗意　张展欣画　禅石题　153厘米×84厘米

机的必修课和社会地位的象征。

南宋后期著名的理学家魏了翁与真德秀合力把理学推向了一个新的历史高度。魏了翁曾在故乡白鹤山下讲学。嘉定十五年（1222），他在《十二月九日雪融夜起达旦》诗中曰："远钟入枕雪初晴，衾铁棱棱梦不成。起傍梅花读《周易》，一窗明月四檐声。"诗作向我们展示了一幅生动清晰的傍梅读书图：窗外明月如昼，白雪皑皑，梅花点点，报道春的消息，屋檐上的积雪开始融化，屋檐下不停滴着水声，和着远处寺院的钟声，伴着主人的读书声，任光阴慢卷，夜漏定摆。魏了翁把乾坤四时的更替与梅花联系起来，傍着一株老梅在读《周易》，这一举动意味着他在读历史，读现实。

几年后，他被贬至靖州，欲在古梅下建亭，友人摘他的诗句，把亭命名为"傍梅读易亭"。在这里，他写过《肩吾摘"傍梅读〈易〉"之句以名吾亭，且为诗以发之，用韵答赋》"人情易感变中化，达者常观消处息。向来未识梅花时，绕溪问讯巡檐索。绝怜玉雪倚横参，又爱青黄弄烟日。中年易里逢梅生，便向根心见华实。候虫奋地桃李妍，野火烧原葭菼苗。方从阳壮争门出，直待阴穷排闷入。随时作计何大痴，争似此君藏用密。"魏

玉骨清癯苹以鲜，孤标谁许立坛前
月好在下人朝斗，依约瑶坛降九天
辰泌画路
吴善璋题

冯子振《道院梅》诗意　张展欣画
吴善璋题　153厘米×84厘米

了翁在诗中理性地思考，他所欣赏的梅花不在于疏影横斜，果实累累，而是通过南枝早发，花开花落，印证《易经》中所揭示的宇宙万事万物变化的规律，从梅身上体悟到天理流机、阴阳变化的玄妙境界和独特情趣。

十三、落梅诗案

南宋嘉定年间，诗人刘克庄因写了一首《落梅》诗，入狱十年，也在中国历史上文字狱的资料库里留下了一页史实，让后人来评说。这首诗是这样的："一片能教一断肠，可堪平砌更堆墙。飘如迁客来过岭，坠似骚人去赴湘。乱点莓苔多莫数，偶粘衣袖久犹香。东风谬掌花权柄，却忌孤高不主张。"

这首诗通篇不着梅字，却把梅花的品格和遭遇娓娓道来，而且还处处透露出诗人的自我感情，是咏物诗的上乘之作。其运笔委婉，写梅又仿佛在写人，在有意与无意之间，将悲愁巧妙地融会在诗的字里行间，将咏物与抒怀糅成一体，天衣无缝。

刘克庄写《落梅》时，南宋小朝廷偏安东南一隅，社会正处于风雨飘摇之中。在这样的大背景下，统治者还过着纸醉金迷的生活，目睹此情此景，爱国的诗人万分痛心。刘克庄虽有一腔报国热情，却得不到朝廷的重用，备受排挤、迫害。诗人借落梅意象，表达内心的悲愤和不满，无疑有着深刻的寓意。诗中"东风谬掌花权柄，却忌孤高不主张"一句，本来是谴责东风不知道怜香惜玉，而偏偏掌握了万物的生杀大权，尤其忌妒梅花的孤高品质，却被言官李知孝指控为"讪谤当国"。宰相史弥远更忍受不了这种明讥暗讽，于是下令严惩年仅 23 岁的刘克庄，刘克庄因此坐牢 10 年。这就是历史上有名的文字狱"落梅诗案"。

史弥远构造这一文字狱有他的政治目的。由于宋宁宗死后，当时的宰相史弥远私下里改写了宋宁宗的诏令，拥立赵昀做皇帝，而改封皇子赵竑做济王，并令其远居湖州。宝庆元年（1225），湖州人潘壬谋划造反，并打算拥立赵竑做皇帝，结果赵竑把谋反一事上报朝廷。湖州叛乱平定后，史弥远担心赵竑日后有所图谋，危及自己，于是私下里逼迫赵竑自杀了。这件事情发生后，很多大臣上书皇帝为赵竑申冤，史弥远害怕皇帝念手足之情杀害自己，于是指使爪牙罗织罪名，陷害忠良，

这时刘克庄的《落梅》诗就成了构造文字狱的依据。

十四、冯子振与《梅花百咏》

本人在已跋涉过的 60 多年的人生中，从过军，经过商，习文弄墨纯属业余爱好。2018 年 5 月 4 日，中国散文排行榜发布会在湖南攸县召开，本人的一篇拙文排名年度第十，于是赴攸县领奖采风。第二天，县领导赠我冯子振的《梅花百咏》和《冯子振研究文集》等。在 3 年的时间里我反复研读，又查找了一些史料，画了 100 幅梅花，企望图解冯子振的《梅花百咏》，然后又请全国百位名家在画上题写冯子振的诗，从多维度进入冯子振的艺术人生。

冯子振，元代散曲名家，攸州（今湖南攸县）人。元至元二十九年（1292）的一天，他到同为集贤院学士的赵孟頫家中做客。两人读诗论文，兴致盎然，就诗小酌，互致敬意，频频举杯，不觉有几分醉意。冯子振欲步出书房，到院中去醒醒酒，推开门，眼前的景色让他惊讶不已，数株寒梅傲立在雪中，粲然怒放。雪与梅点燃了冯子振的诗兴，随即口占一首《古梅》："天植孤山几百年，名花分占逋翁先。只今起早新栽树，后世相看庆复然。"诗兴正旺，寒风难灭，随后他走进赵氏的书斋，展纸挥毫，诗随笔舞，墨助诗情，吟出梅花的前世今生，而成《梅花百咏》一书，

诗意　展欣画
元冯子振胭脂梅
总是同
三千女
汉庭佳丽
一时通
花房芳信
红守宫
搁碎春风
拋抹浓妆

冯子振《胭脂梅》诗意　张展欣画　邓文欣题　180厘米×90厘米

后该书被选入《四库全书》中。

从冯子振《梅花百咏》的咏题看，涵盖了范成大《范村梅谱》中的十二种梅。冯子振的《梅花百咏》是现存最早且保存完整的百咏组诗。有人做过统计，元代咏梅诗多达 2000 多首，冯子振和王冕两座咏梅的高峰并峙在文学史上。冯子振的《梅花百咏》凸显了 3 个特点：一是体现出他志气高洁、凌寒不惧的高尚品格，二是集中展现出他的隐逸情怀，三是体现出他渊博的学识。历史典故、名人名言、人物地域等随手拈来，采典、用典灵活巧妙，典典成金。

十五、只有梅花是知己

梅花，是历代文人骚客常吟咏的题材。元代的景元启，爱梅成痴，其在《自乐》一曲中写道："自由仙，据胡床闲坐老梅边。"你看他多会追求、享受生活，在梅树边闲坐，赏花闻香，那当然是神仙般的生活。接下来他继续在《梅花》中写道："月如牙，早庭前疏影印窗纱。逃禅老笔应难画，别样清佳。据胡床再看咱。山妻骂：为甚情牵挂？大都来梅花是我，我是梅花。"

这曲小令，极富画面感：一弯如牙的新月，光色朦胧，疏淡的梅花枝印在窗纱上，就是使用我修禅人老练的笔墨，也难以画出这样清新佳美的图画。此情此景，我不由得坐在胡床上，如醉如痴地望着梅花，竟冷落了旁边的妻子。妻子有几分嫉妒，有几分恼怒，不禁脱口而骂："为什么情牵挂？"嗓音不大，骂得还算文雅。这"骂"字一出，妻子的醋意被释放。

都说景元启是曲中高人，他爱梅，却借妻子之"骂"道出来：只不过我是迷恋上了梅花，大概那梅花是我，我就是那月下的梅花。梅花与词人浑成一体，无法分辨。"梅花是我，我是梅花"，用语通俗，却渗透着深刻的审美哲理，这一问一答，饶有情趣，读来令人忍俊不禁。他这种写法，在散曲中也别开生面。

景元启，元代散曲作家，生卒及生平均不详，有《得胜令》等小令存世。历史就是这么严酷，未能记录他的生平信息，却深深镌刻着他小令的艺术魅力。恰如那山野之梅，岁岁年年都长在地头岩边，无论春夏秋冬，是否有人赏识，它都孤傲地生长在那儿，一片冰心对月明，无愧于心，无愧于天地。

十六、十万梅花寄深情

"一生知己是梅花"，为梅而歌，为梅而作，以梅为伴。清朝湘军水师彭玉麟，追求真爱，信守承诺，以10万梅花寄寓深情，令世人景仰。

这位被史学界尊称为"大清帝国最后一抹斜阳"的彭玉麟。1861年出生于湖南衡阳，他一生骁勇善战，却无心升官发财，

但他一生却像梅花一样忠贞，只爱像梅花一样圣洁的初恋情人——梅姑。

彭玉麟命薄，出生不久其父病逝，长辈族人谋夺了本属于彭家母子的田产，失去了土地的彭家，生活没有来路，无奈之下只能到衡州府去投奔舅舅。彭母深明大道，为供儿子读书，甘愿给他人帮工干苦力，这便使得彭玉麟有机会进入石鼓书院读书。他才华出众，博闻强记，文笔流畅，很快便脱颖而出。

彭玉麟从小在外婆家长大，1843年，在舅舅病故后，彭玉麟格外思念从小抚育自己长大的外婆，于是派人将外婆接到自己家照料。当时随外婆而来的还有她自己收养的一个女儿。按辈分而论，她属彭玉麟的姑妈辈。他只能称这个女孩为梅姑。

梅姑比彭玉麟大一岁，她知书达理，琴棋书画皆通，而彭玉麟意气风发，血气方刚。每天玉麟去学堂上学，梅姑就一路相送，放学时她又去路上迎接；晚上玉麟读书写字，梅姑就伴随一旁，研墨展卷，几年间的这种耳鬓厮磨、红袖添香，使相互倾慕的种子渐渐生成，并不断勃发，明眼人都看得出他俩情感的纠葛已难解难分。

然而当时社会无比残酷的封建礼教让他们的情感幼苗难以抗衡，私定终身，封建礼教所不容，家人更不能接受。彭母以

▶冯子振《乍开梅》诗意　张展欣画　傅小彪题　153厘米×84厘米

去岁阳回气候催，新梢序徵露一分春。相应东谢君主面，猶自含羞致浅声。元冯子辰左司祠梅诗意。辰玆书画传山飞颂记

举色稀
青清采
寒枝入
梅老
点山梅

老梅清香举世稀　张展欣画　李乾元题　144厘米×367厘米

两人八字不和为由强行拆散这双鸳鸯，她自作主将梅姑许配给了姚姓人家，同时又给彭玉麟安排了一桩婚事，彭玉麟是位大孝子，不敢违抗母命与邹氏成了婚。

四年后梅姑因难产而死，噩耗传来，彭玉麟肝肠寸断，悲痛欲绝，曾一度欲随梅姑而去，只是当时肩负重任不能为之。他把梅姑埋葬在斗笠岭上，因梅姑生前最喜欢梅花，他发誓要用余生画十万梅花来纪念两人之间的情谊，并愤然"出妻"，此后他再不近任何女色。

铁血男儿一诺千金，在梅姑去世后近40年里，彭玉麟始终如一，无论一天的军务有多么繁忙，每天夜里都会在油灯下写诗颂梅，画梅寄情。"一生知己是梅花，魂梦相依萼绿华。别有闲情逸韵在，水窗烟月影横斜。"在这位"三湘国士"的情感世界，无时无刻都有一株天地间最美的梅花在那儿绽放芬芳。"魂梦相依"与天汉日月同辉。他每天纵笔泼墨，让那浓烈的哀绝顺着笔墨线条，流淌在画纸上，凝聚成思绪的墨痕。彭玉麟晚年迁居杭州，他将梅姑的墓移至西湖畔，环绕坟冢种植百余株梅树。每日坚持种梅，赏梅，画梅，思梅。直到去世前，在14000多个日日夜夜里，每日如此，从未间断。他笔下的梅累千成万组成一片梅林，灿如一片"香雪海"。彭玉麟画出的梅与别的画家画出的梅迥然不同，他

的梅大都枝干缠绕纠结，好似"连理枝"，相互依偎，彼此照应，在天地间互诉衷肠；墨梅花朵，千圈万点，素雅如初；红梅如杜鹃啼血，悲恸凄美，令人动容。一员武将痴情如此，用一生爱梅、画梅来铸就对梅姑的爱恋与深情，史上罕见。

1883年当法国军队挑起中法战争，图谋侵占中越国土时，清政府无人可担当御敌之大任，已届69岁的彭玉麟受命再次挂帅出征，镇定指挥，取得镇南关一谅山大捷，后因年高体弱，积劳成疾，返回家乡不久便追寻梅姑而去了。

彭玉麟身上既有英雄肝胆，又有儿女情长，是一位典型的侠骨柔情的真汉子。他在植梅、赏梅、画梅、吟梅的同时，也把自己铸成一株梅。他是傲立天穹，不惧风雪，挺拔顽强，始终在三湘大地灿烂绽放的一株老梅。

十七、曹雪芹的梅花情结

众所周知，《红楼梦》是中国文学发展史上一座具有划时代意义的里程碑，是举世公认的中国古典小说的巅峰之作，是中国封建社会的百科全书，是传统文化的集大成者。无疑它的作者曹雪芹在世界文学史上的地位和成就比之于莎士比亚、歌德、巴尔扎克、普希金、托尔斯泰都毫不逊色。

这，似乎与梅花毫不搭界，但只要你细读《红楼梦》，就会发现曹雪芹那深深

冯子振《月梅》诗意　张展欣画
符祥康题　153厘米×84厘米

玉笛梅

五月江笔草木焦断桥
仓黄食人恨未消
千古食人恨未消

冯子振《玉笛梅》诗意　张展欣画
欧广勇题　153厘米×84厘米

的爱梅情结在书中无处不在。他喜爱梅花，在梅花里不仅寄寓了自己的人格理想，而且还寄托着对亲人的思念之情以及对"江南旧家"生活的留恋之意。

说起读《红楼梦》，笔者有着深刻的记忆。那是 20 世纪 70 年代初，《红楼梦》被列为禁书，书店里没得卖，社会上找不到。我偶然得到一本《红楼梦诗抄》，如获至宝，爱不释手，用 3 个月业余时间把它全抄了下来，这个手抄本保存至今。偶尔翻阅，常生感慨。后来得到《红楼梦》全本，读过好几遍，悟出过许多人生哲理。若从梅花的视角去看《红楼梦》，那是枝枝出奇斗艳，尽显芳华，有春梅、蜡梅、红蜡、十月梅花，还有攒心梅、老梅，有的带雪叫雪花梅，有的不带雪。再看那梅的香味，也别有韵致，有的香彻骨，有的岭上香。再看那梅花出现的地点也各有不同，有的在六桥，有的在宁府花园内，有的在栊翠庵，还有的在警幻仙宫，每一处梅花都独自在那儿绽放。《警幻仙姑赋》有道："其素若何？春梅绽雪。"宝钗也是梅绽雪，你看她的冷香丸原料：冬天开的白梅花蕊 12 两、小雪这日的雪 12 钱。心中没有梅，又无平常生活的积累，是不可能把配方精准到"两"到"钱"的。

透过那些散发清香的文字，读《红楼梦》就是游梅花林。看那妙玉在栊翠庵品梅花雪："我在玄墓蟠香寺住着，收到的梅花上的雪，共得了那一鬼脸青的花瓮一瓮，总舍不得吃，埋在地下。"探春是攒心梅；黛玉是"借得梅花一缕魂"；李纨是落梅、老梅；湘云在梅花树下睡觉，"直饮到梅梢月上，醉扶归"；元春、薛姨妈、刘姥姥、香菱、邢岫烟、李纹、薛宝琴，个个都是梅，朵朵都散香。贾母闻梅，宝玉寻梅，他们一个个都附着梅花的魂在做梦。宝琴在《西江月·柳絮》中道："汉苑零星有限，隋堤点缀无穷。三春事业付东风，明月梅花一梦。""三春"说的是元春、迎春、探春三人，而实际上三人就是一人，元春，《红楼梦》的主题就是"明月梅花一梦"。在一片梅林中，最灿烂的一朵当数元春。"东边宁府中花园内梅花盛开"，元春是春梅，是百花仙子，其他的都是陪衬，她凝聚了梅花的魂。实际上一部《红楼梦》就是围绕这朵梅而展开叙述的梅林的百年春秋。

有人说，梅花是《红楼梦》的魂，从某种意义上说，似乎道出了《红楼梦》的真谛。曹雪芹自己说："字字看来皆是血，十年辛苦不寻常。"是呀，在当时的社会条件下，写出违背当时社会主流意识的作品，前后十载，增删五次，他当时受到多大的精神碾压与煎熬呀！百折而不屈，这不正是梅花的精神吗？

曹雪芹呕心沥血写梅花，无意间也在塑造自己的风骨。

十八、《梅花三弄》的前世今生

《梅花三弄》，是我国古琴十大名曲

之一，描写梅花志趣高洁、冰肌玉骨、凌寒留香、独开不败的风貌。《梅花三弄》早先是笛曲，后改编为琴曲，琴声悠悠，腕底生香。所谓"三弄"是指曲中同样一段旋律，在古琴不同的徽位上，分别演奏三遍。由于音高不同，这"三弄"的音色、气韵、描写场景、思想情感都不尽相同。在《梅花三弄》中，一弄比一弄弹奏得更为激烈，仿佛是一阵比一阵更强烈的风雪袭来，更是一次又一次更加清奇刚毅的寒梅吐蕊。这种反复处理旨在刻画梅花在寒风中次第绽放的英姿、不屈不挠的风骨和节节向上的气概。

《梅花三弄》源自东晋大将军桓伊为狂士王徽之演奏的梅花《三调》的故事。说的是一次王徽之奉诏入京，所乘的船停泊在青溪码头。正巧，永修县侯桓伊那天乘车从青溪岸边路过。此前，王徽之与桓伊并不相识。这时，一位船客突然激动地叫道："快来看呀，这位就是在淝水之战中，大败敌军的右将军桓伊啊！"王徽之听到桓伊来了，当即命人上岸给素不相识的桓伊带个口信："久闻将军擅长吹笛，能否今日为我一奏？"

桓伊此时已经是位战功赫赫的名将。两人在此之前没有任何交情。但他也久闻王徽之的大名，便下车来到王徽之的船上。上船后宾主双方都没开腔说话。桓伊坐在胡床（今天凳子的前身）上，拿出他珍藏

的名贵的柯亭笛，为王徽之吹奏起咏梅花的三调曲子，曲声高妙绝伦。吹奏完毕，桓伊起身立即上车走了，至此两人还是没有语言上的交流。

根据明朝朱权所编的《神奇秘谱》，当日桓伊所演奏的三调咏梅笛曲，便是后来广为流传的名曲《梅花三弄》。明清时期，金陵十里秦淮河上，《梅花三弄》是歌舫之上最流行的笛曲之一。1972年作曲家王建中将它改编成钢琴曲。青年歌手姜育恒也曾演唱过一首流行歌曲《梅花三弄》。歌中这样唱道："红尘自有痴情者，莫笑痴情太痴狂。若非一番寒彻骨，哪得梅花扑鼻香。问世间情为何物，直教人生死相许。看人间多少故事，最销魂梅花三弄。"

当年桓伊与王徽之两人相会虽不交一语，却是难得的机缘。正是由于两者的不期而遇，才共同谱写出这千古名曲《梅花三弄》的佳话，在华夏音乐史册中才留下了这余音千年的美妙之香。

十九、吴昌硕在超山

晚清民国时期"诗、书、画、印"四绝于一体的一代宗师吴昌硕，号苦铁、缶庐，等浙江省湖州市安吉县人。1844年8月出生，毕生致力于金石与书画的融合与创造，他建立的艺术高峰令后人景仰而无法超越。

1923年12月底，杭州超山宋梅亭落

▶《玉笛梅》诗意　局部

五月江梅草木焦断肠

乃里落尽飘飞

尽黄鹤楼玲珑

千古令人帆京消

吴楚子振梦

老笛梅

成，前来参加落实仪式的大都是江浙一带的文人墨客，吴昌硕应邀欣然前往。当他踏进超山时，正是梅花盛开的季节，十里梅海逐涌而来，令人心醉，他被这壮阔的梅花景观震撼住了，他尤崇宋梅，以大篆之法写出《宋梅图》，接着他又为梅亭题写了一副对联："鸣鹤忽来耕，正香雪留春，玉妃舞夜；潜龙何处去，有梦猿挂月，石虎嘶秋。"这副楹联把超山的历史典故，传说胜景全都融汇进去了。

吴昌硕迷恋超山，超山的梅更是他的精神载体，一次他乘船过丁山河，踏丁山湖漾，在超山西北麓的接坝桥靠岸，走过梅林，特意来到宋梅亭旁边的老梅前，望着哪历经世雨苍桑的梅树似曾相识，却又岁月如斯，生发无限感慨："十年不到香雪海，梅花忆我我忆梅。何时买舟冒雪去，便向花前倾一杯。"他从老梅树身上看到了人生归途。晚年，他腿脚行动不便，仍以不屈的身躯扶仗攀登超峰，游海云洞。香雪茫茫，逐涌着生命之舟在此超度，驶向不远的彼岸。他嘱咐家人"如此佳地，百年后得埋骨其间，亦为快事。"

1927年11月29日吴昌硕在上海病逝，遵其生前遗愿，在杭州市余杭区超山大明堂外西侧200米处的山坡建墓。1932年灵枢由上海移葬于此。超山有幸揽一梅花知已入怀，"缶翁"有幸得以肉体与灵魂安放"故里"。

如今，在这座墓旁修起了吴昌硕纪念馆，墓前是先生于握书卷，日夜眺望梅林的花岗岩全身塑像；纪念馆的迎门刻的是"昌硕在超山"的浮雕，笔墨纸砚摆他面前，随时都准备咏诗作画，泼墨挥毫。纪念馆放置着他生前咏写超山的诗作和书画。梅香悠悠，墨香绵绵，它们在共同诉说着吴昌硕与超山的故事。

二十、失而复得的《梅花图》

在现当代画梅的大家中，管锄非的名字似乎不够响亮，他默默无闻，几十年以梅花为伴，以梅花为傲骨，专致于画梅，咏梅。80岁后出山，先后在长沙、深圳、广州、北京、上海等地举办画展，以不同凡俗的艺术影响力吸引画界瞩目。这时候人们才注意到从湖南祁东县官家嘴镇一间破庙里走出来一位名震海内外的画梅大家。

管锄非1911年出生，曾拜曾熙门人王秉机为师，后入上海美专，新华艺专学习，师从黄宾虹、徐悲鸿、潘天寿等大师。抗战期间曾任黄埔军校独山分校美术教官，他秉性刚直，看不惯当时官场的腐败，1942年回乡隐居，1957年被划为右派，长年在本乡的一间破庙以画梅，咏梅为生。他笔下的梅，笔力雄健，奇崛苍劲，正如邵洛羊所评价的那样："书卷气浓，笔沉气畅，刁斗森严，画梅以干见长，突破古

《老梅又报一年春》 张展欣画 李乾元题 144厘米×367厘米

人，是历史上少数入得《梅花谱》的大画家之一"。他的梅花画作当时盛得有识之士、收藏界的喜爱和青睐。

话说 1992 年重阳节期间，管锄非神清气爽，笔随心意，画了一幅《梅花图》，只见画面笔墨淋漓、梅干遒劲、梅枝繁茂，梅花以山间野梅那种傲霜斗雪的浩瀚清气奔涌而来。管锄非自己十分满意，挥笔在画上题写道："八十年来志似竹，梅花万树绕春尘，岁寒风雪横斜影，伴我咏诗酒一壶。"诗，以梅竹的风骨彰显自己的志趣，同时也为自己 82 岁后尚能燃烧激情咏诗作画而感到自豪。钤完印便将画塞于箱中。

没过几日，一乡友来看望他，管锄非异常高兴，他想把前几天画的得意之作拿出来展示给乡友看，可翻箱倒柜，寻遍屋里屋外也没找到那幅《梅花图》，苦苦寻找多次始终未见踪影。他像失去孩子一样感到懊恼和无助。当时管锄非的生活条件十分简陋，房屋四面透风，装画的破木箱上盖与箱体都合不上，连门也没装锁。他若有事外出，随手把门一拉便走开了。那幅《梅花图》他真不知道什么时候被人拿走了。

事有蹊跷，一个月后，那位《梅花图》的"雅好者"，自觉未经管锄非本人同意取走他的画作而感到羞愧。喜爱梅花画作，本是高雅文明之事，这种窃取行为太不道德，其灵魂受到梅花精神的震摄与洗礼，

歲月開新花

天地生銀泉

展昭五龍元題

岁月开新花　张展欣画　李乾元题　144厘米×367厘米

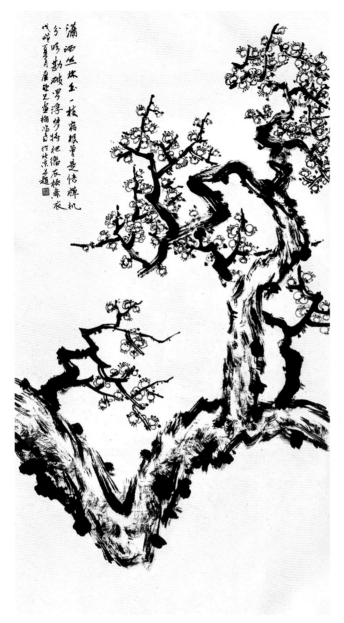

冯子振《僧舍梅》诗意　张展欣画　张鸿飞题　153厘米×84厘米

于是从百里开外的邵阳把画作悄悄地送了回来。重见失而复得的《梅花图》，管锄非欣喜过望，端详良久，有感而发，拿起笔在画上题写："此作存箧中，不翼而飞，一月后为友人从邵阳送还，合浦返珠，无限欣慰。余一生浑厚，人以为可欺也，而欺我者往往自呈其过，岂非受余之精神感召乎。故特志之，壬申冬至后一日，寒花馆主再题。"

一幅失而复得的《梅花图》，前前后后映射出来的正是梅花高洁品格的无穷魅力。

第二章 ❀ 文赋之梅

梅花，因其冰肌玉骨、独步早春、凌寒留香、不畏严寒的坚毅品格而广受人们喜爱。

梅花，生长在华夏的大地上，也生长在文人墨客的笔下，从古到今，梅花一直是一个极其重要的植物意象，被千百次地描摹，同时她也是千百年来中国文化及其演进史的密码。有文字记载最早说梅的是《尚书》，书中有"若作和羹，尔惟盐梅"的内容。书中记述的是我们的祖先很早就分别用盐和酸梅果做成、酸两种主要的调味品的史实，用今人的话说，就是如果要调制不同口味的羹汤，必须要用酸梅果汁。时光飞度至西汉的《大戴礼记》，书中也有"煮梅为豆实也，蓄兰为沐浴也"的记载。《诗经·召南》中亦有"摽有梅，其实七兮。求我庶士，迨其吉兮"的句子。梅子落地纷纷，它在告诉适婚的青年男女，青春易逝，爱情之果当采则需及时，"有花堪折直须折，莫待无花空折枝"呀！

《东方朔传》中有"鸠飞集梅树"的记载。《神异经》有用"横公鱼与乌梅二七煮之，即熟食之治邪病"的药用方法介绍。

中华文明有文字记载以来，文献中很早就出现了梅花的身影。到梁简文帝时已有《梅花赋》，之后有唐代宋璟的《梅花赋》。

确切地说宋代以前梅赋不多，随着梅文化的高度繁荣，两宋时期梅赋突然大量涌现，据曾枣庄、吴洪泽主编的《宋代辞赋全编》和其他相关文献的不完全统计，保存到今天的梅赋就有24篇之多。

辞赋是古代的一种文体，起源于战国时代，汉朝人集屈原等所作的赋称为楚辞。后人泛称赋体文学为辞赋。辞赋盛于汉，故又称汉赋。辞赋讲究摛文，经历长期的演变，发展到中唐，在古文运动的影响下又出现了散文化的趋势。不讲骈偶、音律，句式参差，押韵也比较自由，形成散文式的清新流畅的文赋。

今天在这里推介的文赋，已不仅是辞赋的一种变体，它包括有历史价值和参考价值的文献、美文。笔者选辑了10多篇写梅的辞赋散文，顺着历史的文脉，从不同年代、不同视角来阐释梅的丰姿与精神内涵。

一、萧纲的《梅花赋》

梁简文帝名萧纲，字世缵，小字六通，南北朝时期南梁第二位皇帝，梁武帝萧衍第三子。尽管时光的尘土将他掩埋了近1500年，可他的辞赋作品至今仍存有20余篇，尤其《梅花赋》文脉承浩气，清香满乾坤。

萧纲是天造之才，自小聪明伶俐，并爱好文学。4岁开始识字读书，过目不忘，6岁能写文章。萧纲长期居于东宫，常同当时著名的文士徐陵、庾信等人一起吟诗

钓矶梅

渭川东脉春来早，傍水幽姿带雪。不一任风霜巧来出。随溪父出山来展。钓梅

元人冯子振诗 溪鎮堂书

冯子振《钓矶梅》诗意　张展欣画　伍庆禄题　153厘米×84厘米

附和者众多。萧纲被立为皇太子，这一集团的文学影响更是风生水起，登峰造极，公开宣称并倡导宫体文学，形成风尚且长盛不衰，影响文学史不止一个时代。

简文帝萧纲是辞赋大家中的佼佼者。他的这篇《梅花赋》前半部分着重描写梅花盛开的景象，后半部分则由物及人，描写后宫佳丽赏梅时的情态。最后触景生情，提炼成五言、七言诗句，形象而生动地表达由梅花随风飘落而产生的似水流年的惆怅之情。

常在宫廷不可能看到乡村野梅，开篇便直接描绘出梅花生长的地方，"层城之宫，灵苑之中"，此处是何地，是传说中神仙住的天庭，是现实中的皇家御花园，这里有"奇木万品，庶草千丛"，鸟语花香，人间天堂，达到难以用语言文字来形容的地步。萧纲突然笔锋一转，看到了"寒圭变节"的另一番景象，冬天到了，百花枯萎，千树叶落，一片萧瑟，是多么残酷。

萧纲谋篇构思别出心裁，故事跌宕起伏，接着又一个回

作赋，享受着悠闲的宫廷生活。他的特殊身份所产生的号召力，使一群幕僚都围在他周围，他的喜好便成为时尚，

锋。严冬到了，春还远么？"年归气新，摇云动尘。梅花特早，偏能识春。"梅花是春的使者，她最早报道春的消息，园中奇木萌动，新叶异草爆出嫩芽，万物复苏，大地的舞台热闹非凡，向阳的黄梅最早接受阳光的恩赐，绽放出金灿灿的笑靥，老天爷偶尔也不遂人意，间或飘来雪花，此时的梅枝又披上了银妆。

这是对梅花盛开时大环境的描述。接着，萧纲用一连串精美的六字排偶句，细细地描写梅花纯洁美丽的姿容。一个"吐"字便春光回荡，文笔悠扬，"吐"艳四照，色彩艳丽，在粗硕的梅干上，缀满花蕾，花朵五出的枝条，像通往五个方向的大路一样，向各方伸展。这里说的是枝蔓的繁茂，再看那花朵儿像玉珠连缀在一起，又一颗一颗鲜活地长在枝条上，像晶莹的冰粒悬挂在枝头，又好像冰雹那样自由地散布，极有韵致。再回过头来细察那枝条上的新叶，刚爆出来尚未长成，特别是那条条新枝，像是故意插在老干上，那么生硬而又不协调。梅枝低垂，飞悬在半空中，梅花的清香随风飘散，远度十里。再近观，枝条上挂着纷乱的蜘蛛丝，晨雾涌动，摇曳枝头。那沁人心脾的淡淡梅花香与绣楼上的粉脂落味无可比拟。洁白的花瓣鲜艳光亮，远胜过刚刚织出来的素绢。这是静态的。再看动态的，刚刚开放的花朵有的依偎着山石，含苞待放的花影映照在池塘上，还有的映照在台阶上，这些花朵如同彩带集结飘落在此。梅枝在春风中轻轻荡漾，亲吻着精雕细镂的门窗。萧纲从梅花生长的地方的独特性，再写到枝、干、叶、花，层层铺陈，仿佛总赏得不够深厚，峰回路转又引经据典："七言表柏梁之咏，三军传魏武之奇。"此二句，一言汉武之事，一言魏武之事，两句都是讲梅果的。由此可见他联想丰富。由花及果背后的文韬武略和三军望梅止渴的故事。他从梅的精妙细微处写到气势的恢宏。一会儿山泉潺潺，一会儿洪水暴发，只见他思绪跳跃，奇思妙构。

前半部分萧纲描绘了梅花的千姿百态，这还不够，花香还得美人赏呀！接着他描述后宫姬妾赏梅时的情景。梅花的召唤，让嫔妃宫女们纷纷来到花园，欣喜地观赏着梅的妩媚。在房间里的人纷纷打开朝阳的门窗，卷起帷幔看她的动作，是那么轻巧，生怕惊动温暖的春风，吹拂到刚刚炸开的花朵上。一个个梳妆打扮，装束靓丽，举止文雅，踏着春风的雅姿来到园中。瞧见早开的梅花，一个个惊喜不已，眉飞色舞，她们穿着单薄的丝绸织衣，像蝴蝶在梅花间徜徉。攀枝折花，罗袖随风飘起，她们可真会玩，玩着不同的花样，有的将梅花插在两鬓间，问同伴美不美，有的折下花枝相互赠予取悦。她们总是恨发髻前太空，嫌嵌有的金饰旧了。于是贪婪地折枝摘花，不停往头上、身上粘贴，仿佛总是没有够的时候。

"花色持相比，恒愁恐失时。"年轻貌美的后宫佳丽们，在尽情地赏梅，忽然飘落的梅花撩拨她们的思绪，花无百日红，花开总有花谢时。在惊喜之后，伤感袭来，美丽的容颜如同这花色易变易逝，当趁着青春芳华过好当下。在"愁恐"之中叹息，时光易逝，韶华易老。

我想无论是万人之上的帝王还是庶民百姓的写作，都是一种内心的表达。萧纲借着写梅花，写佳丽们赏梅花，最后发出感叹或许正是在为自己的命运作注解。如同一枝梅，在开得最为灿烂的时候被人为折断，尽管花瓣飘落，化身成泥，可花香依然弥漫在时光的长河之中。或许这正是萧纲当时心境的表达。

梅花赋（南朝梁 萧纲）

层城之宫，灵苑之中。奇木万品，庶草千丛。光分影杂，条繁干通。寒圭变节，冬灰徙筒，并皆枯悴，色落摧风。年归气新，摇云动尘。梅花特早，偏能识春。或承阳而发金，乍杂雪而披银。吐艳四照之林，舒荣五衢之路。既玉缀而珠离，且冰悬而雹布。叶嫩出而未成，枝抽心而插故。摽半落而飞空，香随风而远度。挂靡靡之游丝，杂霏霏之晨雾。争楼上之落粉，夺机中之织素。乍开花而傍岭，或含影而临

池。向玉阶而结彩，拂网户而低枝。七言表柏梁之咏，三军传魏武之奇。

于是重闱佳丽，貌婉心娴，怜早花之惊节，讶春光之遣寒。夹衣始薄，罗袖初单，折此芳花，举兹轻袖，或插鬓而问人，或残枝而相授。恨鬒前之大空，嫌金钿之转旧。顾影丹墀，弄此娇姿，洞开春牖，四卷罗帷。春风吹梅长落尽，贱妾为此敛娥眉。花色持相比，恒愁恐失时。

二、宋璟的《梅花赋》

梅花，一直在中国文化的沃土之中绽放，梁简文帝萧纲之后，唐代的宋璟又写了一篇《梅花赋》。同样的题材、同样的文体，宋璟的过人之处在于他描绘得细致入微。据说这个宋璟秉性刚直，光明磊落，极重气节。他历武后、唐中宗、唐睿宗、唐殇帝、唐玄宗五帝，在任52年，从政期间，刚直不阿，守法持正，任人至公，一生为振兴大唐励精图治。杰出的历史学家司马光在论及唐代贤相时说"前称房杜，后称姚宋"，这当中的"宋"，就是指开元时期的名臣宋璟。

这样鲜明的人格特性，同梅花的品格非常契合。他在《梅花赋》里，自然将个人的情感贯穿其中。他是这样记述的：25岁那年，我中进士后又参加科举考试落榜，就随伯父到东川（今四川剑阁县一带），寄住在官府新备的宿舍里。时病连月，其间我常到周围散步。在一堵

倒塌的墙边，我见到一株梅花，独自在杂乱的草木中吐露芬芳。我感慨万分：你这株梅花呀，如此出类拔萃，却长在这个不受待见的地方，哪会有人赏识呢？但如果贤贞的本性不改，却是可取可赏的。于是我"感而乘兴"，作了一首赋。

宋璟以描绘场景开始进入爱梅、惜梅的心灵之旅：高大的房舍空旷寂静，我住的深山时令已晚，暗淡的阳光斜照着大地，寒凉的风微吹，周围静得能听到草木的呻吟之声。我独自坐在空房子里，无朋无友，斟一杯酒自饮自乐，在台阶上独自徘徊，"山空人更孤"呀。我手扶黎杖，伫立墙阴，见那株寒梅独自盛开，我向她追问，是谁把你栽在这个地方呢？"未绿

叶而先葩，发青枝于宿枿，擢秀敷荣，冰玉一色。"这样一株资质不凡的梅花为何被杂草所围，又让恶木所掩，如果不是众人所赏，即使洁白至极又能怎样呢？

梅花却无语地盛开在枝头。且看宋璟又是如何细细描绘的：

梅花那如玉般剔透的花瓣缀着雪花，绛红色的花萼俨然涂抹上了一层薄薄的白粉，嘿，真的像那白面敷粉的何郎。

接着宋璟写梅花的香：淡淡的清香凝固在空气里，稀疏的花蕊暗暗散发香味，这种香气是什么样的呢？我告诉你吧，像是从西域窃来的奇香，就是那个风流幸运的韩寿呀！而后宋璟又极尽笔墨之描摹与铺陈，将梅花的各种情状逐一比作娥皇女

冯子振《观梅》诗意　张展欣画　哈晋都隽明题　248厘米×129厘米

苏东坡在惠州罗浮山题咏梅 摄影：张展欣

英、姑射、樊通德、绿珠、温伯雪子、东郭顺子、屈原、东方朔、卓文君、赵飞燕，并说他的这些随口评议、揣度描写，实在难以把梅花描绘全面。

然后，宋璟又提到了花圃中的兰花、行宫里的蕙草、池塘中的芙蓉、爱情信物芍药、淮南丛桂、沙滩上摘来的杜若，这些奇珍异宝都是靠诗人歌咏而美名远播的。

宋璟将它们与梅花做比较，认为它们都有不足，唯独梅花卓尔不群，本性高节，有君子之气节。

最后，宋璟说到，伯父见了他所作的此文，勉励他不但要善于描摹梅花，更要学习梅花的节操永固。

不愧为大唐名臣，骨子里都藏着梅花的本性。他不断地描绘梅的干、梅的枝、梅的花，唯恐别人不明白，引经据典，象征比拟，刻画得如此生动细腻，千古一绝。大篇地铺陈下来，最后落到伯父的叮嘱上，

崇尚梅花的品格，敬畏梅花的精神，"永保贞固"才是他心灵深处的底色。

梅花赋（唐 宋璟）

垂拱三年，余春秋二十有五。战艺再北，随从父之东川授馆舍。时病连月，顾瞻危垣，有梅花一本，敷葩于榛莽中。喟然叹曰："呜呼斯梅！托非其所，出群之姿，何以别乎？若其贞心不改，是则足取也已！"感而乘兴，遂作赋曰：

高斋寥阒，岁晏山深，景翳翳以斜度，风悄悄而乱吟。坐穷檐而后无朋，进一觞以孤斟。步前除以彳亍，荷藜杖于墙阴。蔚有寒梅，谁其封植？未绿叶而先葩，发青枝于宿枿，擢秀敷荣，冰玉一色。胡杂沓乎众草，又芜没于丛棘，匪王孙之见知，羌洁白其何极？

若夫琼英缀雪，绛萼著霜，俨如傅粉，是谓何郎；清馨潜袭，疏蕊暗臭，又如窃香，是谓韩寿；冻雨晚湿，宿露

朝滋，又如英皇泣于九嶷；爱日烘晴，明蟾照夜，又如神人来自姑射；烟晦晨昏，阴霾昼闭，又如通德掩袖拥髻；狂飙卷沙，飘素摧柔，又如绿珠轻身坠楼。半开半合，非默非言，温伯雪子，目击道存；或俯或仰，匪笑匪怒，东郭顺子，正容物悟。或憔悴若灵均，或欹傲若曼倩，或妩媚若文君，或轻盈若飞燕，口吻雌黄，拟议殆遍。

彼其艺兰兮九畹，采蕙兮五柞，缉之以芙蓉，赠之以芍药，玩小山之丛桂，掇芳洲之杜若，是皆出于地产之奇，名著于风人之托。然而艳于春者，望秋先零；盛于夏者，未冬已萎。或朝开而速谢，或夕秀而遄衰。曷若兹卉，岁寒特妍，冰凝霜沍，擅美专权？相彼百花，孰敢争先！莺语方蛰，蜂房未喧，独步早春，自全其天。

至若托迹隐深，寓形幽绝，耻邻市廛，甘遁岩穴。江仆射之孤灯，向寂不怨栖迟；陶彭泽之三径，投闲曾无悁结。贵不移于本性，方有俪于君子之节。聊染翰以寄怀，用垂示于来哲。

从父见而勖之曰："万木僵仆，梅英载吐；玉立冰洁，不易厥素；子善体物，永保贞固！"

三、邹浩的《梅园记》

古代的文人、士大夫在现实生活中遇到挫折总是能从梅花身上找到精神支撑，寄托委屈的灵魂。生于宋嘉祐五年（1060），卒于政和元年（1111）的邹浩。一生只存活了52个春秋，可磨难长伴，挫折常顾。因敢于直谏，屡受奸臣陷害，仕途蹭蹬。邹浩有《道乡集》四十卷，《四库总目》传于世。

到过岭南的人，对岭南的风物都别有一番真情留恋。且看这位出生于江苏常州的邹浩，他写梅花树在王家的故事，仿佛是在写自己的生存环境，他就像梅树一样，不受世人重视，说砍就要被砍了，当柴火烧了。但他从心里说：给我一个宽松的环境，我就能体貌端庄，器宇轩昂，挺拔卓立，直入云霄。

邹浩写梅树的际遇，心平气和地与梅树对话，坦露自己的心迹，我还是原来的我，坚贞不阿。有时被捧上台，有时被打入地狱，这都不是我的错，这是社会局势造成的，扪心自问，我遇到的这点挫折同梅花战霜斗雪的磨难相比就微不足道了。他崇尚梅花的精神品质，自叹不如，频频自责。在众多写梅花的歌赋中，把自己的情感写进去，不断地叩问自己，警醒自己的文赋似乎不多。透过文字背后，他告诉我们以世俗的眼光去看待梅花，那是对梅花顽强、典雅、高洁精神的玷辱。只有像梅花一样"自本、自根、自古以固存"那才是人生始终不变的精神追求。

梅园记（宋 邹浩）

岭南多梅，土人薪视之，非极好事，

红紫纷纷逞艳秾，罪尤万死费追踪。山自有花如玉，艳画人保岁寒容。元冯子振友梅诗意 展欣画梅 焕祥题

冯子振《友梅》诗意　张展欣画　陈焕祥题　153厘米×84厘米

不知赏玩。余之寓昭平也，所居王氏阁，后半山间，一株围数尺，高数丈，广荫四十步。余杜门不出，不见它植何如，问之土人，咸谓少与此比。然此株正在王氏舍东，穿其下作路，附其身作篱，丛篁榛棘，又争长其左右。余久为之动心，顾王氏拘阴阳吉凶之说，不敢改作。顷遇花时，

但徘徊侧，徒倚篱边，与之交乐乎天而已。欲延一客饮一杯，竟无班草处。

一旦坐阁上，闻山间破竹声，恶聒观焉。则王氏方且遵路增篱，以趋岁月之利。欣然曰：时哉！谕使辟路而回之，撤篱而远之，视丛榛棘而芟夷之，环数百步，规以为圃，曾不顷刻，而梅已巳时颢颢昂昂，

立乎云霄之上，如伊君释耒而受币，如吕望投竿而登车，如周公别白于流言而衮衣绣裳。西归之日，前瞻龙岳，回瞩仙宫，左顾魏坛，右盼佛子，其气象无终穷，悉在梅精神之中矣。

夫天地，昔之天地也；晦，非川，昔之山川也。而俯仰之间，随梅以异，梅果异耶？果不异耶？梅虽无言，余知之矣。昔之晦，非梅失也，时也；今之显，非梅得也，时也。人以时见梅，而梅则自本、自根，自古以固存。故虽寿阳之妆，不以为滥；傅说之羹，不以为遭，而况区区管窥之异，又奚足一哂于其前。姑与客饮酒。

四、唐庚的《惜梅记》

北宋时期，赏梅已成时尚。受前朝文风的影响，文人写各类题材的歌赋甚多。诗人唐庚，字子西，眉州人，宋哲宗绍圣进士，宋徽宗大观中为宗子博士。经宰相张商英推荐，授提举京畿常平。张商英罢相，唐庚亦被贬，谪居惠州。后遇赦北归，复官承议郎，提举上清太平宫。后于返蜀道中病逝。宋刘克庄说："子西诗文皆高，不独诗也。稍晚，使及苏门，当不在秦（观）、晁（补之）之下。"唐庚与苏轼为同乡，又都被贬惠州，兼善诗文，当时有"小东坡"之称。这篇《惜梅赋》是他贬官惠州时所作，在我国古代众多赋梅之作中也独树一帜，值得品读。

唐庚《惜梅赋》开篇说：阆中县衙的大院里有一株梅树，枝繁叶茂，树干粗壮，可惜正在院子中央，出入大院十分不便，故有人说要把它砍倒。可是梅树长这么大不容易，砍了可惜，特作这篇《惜梅赋》。唐庚用两句话简略说明了写此赋的原委。

接下来，他写道：在县衙的庭院中有一株梅树，我不知何时所植。这树长得非常繁茂，其树冠遮盖的面积有一亩左右；花开时香飘数里，越是雪花飞舞天气寒冷的时候，花开得越发繁多，在朦胧的月色下，梅花更显得神奇美妙。遗憾的是她生长得不是地方，在她的四周堆满杂物，玷污了梅花的幽姿雅态。在她面前还不时传来县衙里衙役提拿犯人的吆喝声，在她的后边又不时传来犯人们低声的呻吟和哭泣。虽然梅花能适应环境而生，然而按照人的心意去揣度，这样的环境并不适宜她的生长。在这样的环境里，梅花既不能结出好的果实用来献祭于庄严隆重的大典，也不能起到望梅止渴这样的功效来激励魏国的军队。但她又不能将自己寄生于竹林之间，也不能顺着自己的本性生长在溪水边。令人怅恨的是在梅花盛开时，也没有遇见那传递书信的驿使，让我能像南北朝时的陆凯一样摘上一枝寄给远方的友人，反而在此时却常常被那频频传来的悲凉的羌笛声所惊悚。我担心梅花一旦开花也会很快败落飘零，虽然梅花的花瓣是那样清丽幽绝，但又有什么地方能安置她呢？有来访者认为她有可能妨碍有贤德之人，因而劝我将她砍掉。唉！我听说即使是幽美祥瑞的兰花，也会因其挡着门户而被铲除。这都是过去那些浅薄自私的人所干的，有仁德的人是不会去做这样的蠢事。我宁愿绕行数步，给梅树一席之地，让她不受干扰自由地生长。这样我随时就有机会面对着清艳孤傲的梅花，端着酒杯来赏花饮酒，嗅着梅花的清香来吟诗作赋，这难道不是一桩很好的雅事吗！

可以这样说，北宋时期文人写梅赋多受唐代宋璟《梅花赋》的影响，以表现梅花的风姿绰约、孤芳自赏见长。而唐庚的高妙之处在于将梅之本性高洁与处境之庸俗陋僻对比来写，发出哀叹，表达唐庚以梅为友、借梅自况、缘性自适的仁者情怀和崇尚隽雅的人格胸襟。这篇《惜梅赋》，切入视角独特，言浅语深，高出同类作品许多。

今天读唐庚的这篇《惜梅赋》，是否可以从中悟出这样的哲理：一是做人要像梅花那样有品格，不因处境庸俗偏僻而为了生存改变本性，依然要坚贞不移，傲雪斗霜吐芳华；二是当身处逆境，自己无法抗拒和改变环境时，就要调整心态，随性自适，"对寒艳而把酒，嗅清香而赋诗"，把人生的每一天都过得很快乐。

用时人之语，用积极的态度去面对人生路上所发生的一切。

惜梅赋（宋　唐庚）

阆中县庭有梅树甚大，正当庭中。出入者患之，有劝予以伐去者，为作《惜梅赋》。

县庭有梅株焉，吾不知植于何时，荫一亩其疏疏，香数里其披披。侵小雪而更繁，得胧月而益奇。然生不得其地，俗物囿其幽姿。前胥吏之纷挐，后囚系之嘤咿。虽物性之自适，揆人意而非宜。既不得荐嘉实于商鼎，效微劳于魏师，又不得托孤根于竹间，遂野性于水涯。怅驿使之未逢，惊羌笛之频吹。恐飘零之易及，虽清绝而安施？客犹以为妨贤也，而讽余以伐之。嗟夫！吾闻幽兰之美瑞，乃以当户而见夷。兹昔人所短，顾仁者之不为。吾迁数步之行，而假以一席之地，对寒艳而把酒，嗅清香而赋诗，可也。

五、朱熹的《梅花赋》

说到理学，人们自然会想到理学的集大成者朱熹。从朱熹初入仕途，到庆元党禁发生，在长达 40 多年的仕途中，他的人生跌宕起伏，波折不断，最后竟被推入党禁深渊，被列为"伪学魁首"，削官奉祠。在党禁的背景之下，朱熹作《梅花赋》以寄意。

朱熹的《梅花赋》妙在挖掘梅花的品格特征，以传统"比德"的手法，写梅花

冯子振《未开梅》诗意　张展欣画并自题　248厘米×129厘米

在这类物象中的特殊形象，松竹梅"岁寒三友"的概念也首次得以定格。朱熹这篇咏梅赋，把梅花的内在神韵与对物象的描写水乳交融地统一在一起，突出了梅花傲雪霜的淡泊气质与寂寞凄凉的怨思。朱熹内心深处要表达的不是梅花遗世独立的品格，而是哀叹梅花虽美，却无人赏识的绝望之情。他在这篇赋的序文中，假借宋玉之口说："美则美矣，臣恨其生寂寞之滨，而荣此岁寒之时也。大王诚有意好之，则何若移之渚宫之囿，而终观其实哉？"渴求一用之心是很强烈的。在赋中，朱熹更是感叹"君性好而弗取兮，亦吾命其何伤"。他不仅是同情在庆元党禁中被贬的赵汝愚的遭遇，更是哀叹理学家的人生抱负亦由此落空。其情绪是低沉的、哀婉的。

赋的结尾仿屈原的《橘颂》，文尽而意未尽，无不妙哉。

梅花赋（宋　朱熹）

序曰：楚襄王游乎云梦之野，观梅之始华者，爱之，徘徊而不能舍焉。骖乘宋玉进曰：美则美矣，臣恨其生寂寞之滨，而荣此岁寒之时也。大王诚有意好之，则何若移之渚宫之囿，而终观其实哉？宋玉之意，盖以屈原之放微悟王，而王不能用。于是退而献赋曰：

夫何嘉卉而信奇兮，历岁寒而方华洁。清姱而不淫兮，专精皎其无瑕。既笑兰蕙而易诛兮，复异乎松柏之不华。屏山谷以

折得冰梢
倚玉壶日
暮醉归
山路险风
流不待倩
人扶
元冯子振拔
头梅诗意
展欣画
孙洪敏题记

冯子振《拄头梅》诗意　张展欣画　孙洪敏题　248厘米×129厘米

自娱兮，命冰雪而为家。谓后皇赋予命兮，生南国而不迁。虽瘴疠非所托兮，尚幽独之可愿。岁序徂以峥嵘兮，物皆舍故而就新。披宿莽而横出兮，廓独立而增妍。玄雾滃而四起兮，川谷沍而冰坚。澹容与而不炫兮，象姑射而无邻。夕同云之缤纷兮，林莽杂其葳蕤。曾予质之无加兮，专皎洁而未衰。方酷烈而阗阗兮，信横发而不可摧。纷旖旎亦何好兮，静窈窕而自持。徂清夜之湛湛兮，玉绳耿而未低。方娉婷而自喜兮，友明月以为仪。歘浮云之来蔽兮，四顾莽而无人。怅寂寞其凄凉兮，泣回风之无辞。立何久乎山阿兮，步何踌躇于水滨。忽举目而有见兮，恍顾盼之足疑。谓彼汉广之人兮，羌何为乎人间。既奇服之炫耀兮，又绰约而可观。欲一听白云之歌兮，叹扬音之不可闻。将结轸乎瑶池兮，惧佳期之非真。愿借阳春之白日兮，及芳菲之未亏。与迟暮而零落兮，曷若充夫佩帏。渚宫刿未有此兮，纷草棘之纵横。椒兰后乎霜雪兮，亦何有乎芳馨。俟桃李于载阳兮，鹍鹏寂而未鸣。私顾影而自怜兮，淡愁思之不可更。君性好而弗取兮，亦吾命其何伤。

辞曰：后皇贞树，艳以娇兮。洁诚谅清，有嘉实兮。江南之人，羌无以异兮。羌独处廓，岂不可召兮。层台累榭，静而可乐兮。王孙兮归来，无使哀江南兮。

六、张磁的《梅品》

宋代是梅文化最为兴盛的时代，人们十分讲究赏梅品梅。张磁是个有心人，他把品梅的对象、品梅的主体、品梅的环境，三者之间的关系，相互作用，进行深入地探讨总结。虽然成文于 800 多年前，但它与当今人们的审美标准、审美取向是契合的。

张磁在《梅品》的序言中，首先告诉我们到哪里去品梅。文中所述之梅应是园梅。用时下的话说，是人工干预过的。荒圃，内有古梅数十株，后又辟地 10 亩，陆续移植了山梅、缃梅、红梅三百多株，并筑堂数间，在堂轩之上缀楹联、匾额，使小艇游巡可溪涧。作者首先描述赏梅的自然环境，接着推介品梅的对象：梅的品种多样，花色红白相间，从深到浅，层次丰富，千变万化而有韵致，梅树栽植得疏密有致，成行成列，有整齐有序之撼震，而散植者

冯子振《枝头梅》诗意　张展欣画　局部

则有天工精巧之逸趣。树龄新老咸集，有绿苔纷披的古树，还有烟尘不染的新株。在这样的环境中，品梅者在领略古拙苍老韵味的同时，又能感受到健壮清新之风扑面而来。欢天、喜地、人悦，品梅激发的快感让人倍感精神抖擞，有无穷的力量。人在快乐时总会做出快乐的举动，在梅花树巅缀以铃索，微风徐来，铃声"叮叮"作响，天乐之声妙不可言。反之梅树若生长在简苍陋陌或污水横流的臭水沟边，树下有动物排泄物，枝条上还晾晒衣物，在这样的环境中，你还有心境去品梅么？

品梅者要识梅、懂梅，做梅花的知己，梅花有梅花的品格，张磁以三国大夫屈原和首阳二子伯夷、叔齐的人格美与梅花的品格相比，曰：梅花"标韵孤特，若三国大夫、首阳二子，宁搞山泽，终不肯俯首屏气，受世俗煎拂。"然而在赏梅的客人中却常常有"徒知梅花之贵而不能爱敬"的庸俗之辈，这种人缺乏赏梅的起码素养，甚至做出"污亵"梅品的劣迹，令梅园主人几乎要为梅花"呼叫称冤"！为了使赏梅的客人们更好地感悟品味梅花高标清逸的品格与神韵，他决意撰写《梅品》，列出品梅的58条标准，高高地挂在梅园的主体建筑"玉照堂"之上，使来者有所警省。这58条标准今天挂到梅园里仍不失为最佳的赏梅导引。

梅花是一种具有生命的自然之物，若论花型大小，她不及牡丹、荷花；若论娇艳又不敌桃李；若论附着在梅花身上的文化载量，梅花当为魁首。正因为如此，赏梅，是人在一种特定的自然环境中进行的审美活动。张磁在《品梅》中鲜明地提出自己的选择标准。

一、品梅的主体要件。品梅者——人是主体，什么样的人最适合赏梅？张磁提出最适合参与赏梅活动的人，是林间吹笛，膝上横琴，石杆下棋，扫雪煮茶，美人淡妆的。他们的这些行为举止告诉你，他们

冯子振《移梅》诗意　张展欣画　杨军达题　248厘米×129厘米

冯子振《寒梅》诗意　张展欣画　徐南铁题　153厘米×84厘米

有一定的文化艺术修养。如果他们来赏梅，无疑会为赏梅活动增光添彩，丰富内涵，赋予韵味。这个群体"花宜称"。更适合的是王公旦夕留盼，诗人搁笔评量，妙妓淡妆雅歌。这几个群体来赏梅。会使梅花感到荣耀，受到恩宠。相反丑妇、俗子、庸僧、猥妓、奸鄙的暴发户等"不受欢迎"，他们会给赏梅活动添堵抹黑，所以张磁特别憎嫉。

二、品梅的自然条件。品梅同欣赏诗歌、绘画等活动相比，最大的区别是在很大程度上受自然条件和天时景象的影响。品梅，对象是梅花，人们观赏的大致可分为村梅、园梅、盆梅、瓶梅四类。村梅是自然生长未经人工修饰，零星独生在山野悬崖，沟坎地边，有一种纯天然的美，古代文人雅士踏雪寻梅，大多寻觅的是这种梅的景象。园梅，是人工建园，按一定的审美习惯和规划把梅树种植成一片风景，这类梅园往往规模庞大，缤纷开万树，十里闻清香，人们常用"香雪海"来形容。当然还有盆梅和瓶梅，不过张磁品的是这种人工整饰过的园梅。所以他认为最理想的赏梅时机是淡阴、晓日、薄寒、细雨轻烟，佳月、夕阳、微雪、晚霞；反之，最不适宜赏梅的天时、气候是狂风、连雨、烈日、苦寒。

三、品梅的大环境。大的环境分为社会环境和梅林周边的环境。大的社会人文环境对人们审美心理的审美影响是无形的，也是巨大的。张磁所处的时代南宋，受到外敌的侵扰打击，人们心理有一种强烈的不屈的抗争精神。朝廷虽偏安一方，但在江南鱼米之乡，人文风物堪称丰茂，加之当朝君主宦官有治园游赏的风尚，这就为赏梅提供了社会文化和经济基础。《梅品》中张磁对梅林周边的环境也提出了严苛的标准。如清溪畔，小桥边，竹旁松下，明窗疏篱等。这些都是赏梅时的背景，他厌恶赏花时在树头张挂杂乱的污秽之物等不文明的东西，会影响和伤害人们的赏梅情绪。

中华文明的传承源远流长，张磁当年提出的赏梅品梅标准条件，今天依然可作为我们游园、赏花、观景的文明规范的参考。

梅品（宋 张磁）

梅花为天下神奇，而诗人尤所酷好。淳熙岁乙巳，予得曹氏荒圃于南湖之滨，有古梅数十，散辍地十亩。移种成列，增取西湖北山别圃红梅，合三百余本，筑堂数间以临之，又挟以两室，东植千叶缃梅，西植红梅，各一二十章，前为轩楹，如堂之数。花时居宿其中，环洁辉映，夜如对月，因名曰玉照。复开涧环绕，小舟往来，未盈半月舍去。自是客有游桂隐者，必求观焉。顷者太保周益公秉钧，予尝造东阁，坐定，首顾予曰："一棹径穿花十里，满城无此好风光。"盖予旧诗尾句。众客相与歆艳。于是游玉照者又必求观焉。值春凝寒，反能留花，过孟月始盛。名人才士，题咏层委，亦可谓不负此花矣。但花艳并秀，非天时清美不宜，又标韵孤特，若三闾、首阳二子，宁槁山泽，终不肯频首屏气，受世俗湔拂。间有身亲貌悦，而此心落落不相领会，甚至于污亵附近，略不自揆者。花虽眷客，然我辈胸中空惆，几为花呼叫称冤，不特三叹而足也。因审其性情，思所以为奖护之策，凡数月乃得之。今疏花宜称、憎嫉、荣宠、屈辱四事，总五十八条，揭之堂上，使来者有所警省，且示人徒知梅花之贵而不能爱敬也，使与予之言传布流诵，亦将有愧色云。

花宜称，凡二十六条

为澹阴；为晓日；为薄寒；为细雨；为轻烟；为佳月；为夕阳；为微雪；为晚霞；为珍禽；为孤鹤；为清溪；为小桥；为竹边；为松下；为明牕；为疏篱；为苍崖；为绿苔；为铜瓶；为纸帐；为林间吹笛；为膝上横琴；为石杆下棋；为扫雪煎茶；为美人澹妆簪戴。

花憎嫉，凡十四条

为狂风；为连雨；为烈日；为苦寒；为丑妇；为俗子；为老鸦；为恶诗；为谈时事；为论差除；为花径喝道；为对花张绯幕；为赏花动鼓板；为作诗用调羹驿使事。

花荣宠，凡六条

为烟尘不染；为铃索护持；为除地镜净、落瓣不淄；为王公旦夕留盼；为诗人阁笔评量；为妙妓澹妆雅歌。

花屈辱，凡十二条

为主人不好事；为主人悭鄙；为种富家园内；为与麄婢命名；为蟠结作屏；为赏花命猥妓；为庸僧牕下种；为酒食店内插瓶；为树下有狗矢；为枝下晒衣裳；为青纸屏粉画；为生猥巷秽沟边。

梅品终。

七、王冕的《梅先生传》

王冕是一位杰出的画家，他那首题在画上的《墨梅》诗，写尽梅花的精神。王冕画梅花、写梅花实际上都在借梅花自喻，表达自己对人生的态度和不向世俗献媚的风骨。而在《梅先生传》中，王冕以拟人的手法写出心中梅花崇高的形象，首先介绍梅花的出生和身世，从炎帝开始，顺着历史的脉络，一直到唐宋。然后再写"梅先生"在各个历史时期以各种不同的方式"刷存在感"。在商代高宗时得"姓"，至汉代梅福为避王莽专政，变姓名，隐于吴市门卒，子孙散遍各地。不久便遇见曹军，演绎"望梅止渴"的故事……

在王冕心中，"'梅先生'为人修洁洒落，秀外莹中，玉立风尘，表飘飘然，真神仙中人"。可就是这样一位"神仙中人"居住的地方却是"竹篱茅舍"。先生身边常有高人相伴，无论别人怎样对待他，用尽天下溢美之词赞颂，还是以利器砍割其身躯，先生依然风骨凛然，"开心吐露"，他这种不为利禄所诱、不惧风雪的精神受到世人的敬重。先生性格孤高，以酸苦自守，不喜混荣贵，清标雅韵，天下人爱慕景仰，那是实至名归。

爱此些姿清绝尘，更怜盛晚独精神，扣肩不忍轻攀折，留取明年岳上看。元冯子振《惜梅》诗意，展欣画梅，奉呈其嘉正。

冯子振《惜梅》诗意　张展欣画　叶其嘉题　248厘米×129厘米

　　看得出来，王冕画梅花、写梅花，对"梅先生"是无限的敬重和爱戴。他以传记拟人的方式赞颂千岁老梅，形式活泼，别开生面，虽不是严格意义上的辞赋体例，但不失为一篇写梅颂梅的美文，值得一读，值得细品。

梅先生传（元　王冕）

　　先生名华，字魁，不知何许人？或谓出炎帝，其先有以滋味干商高宗，乃召与语，大悦曰："若作和羹，尔为盐梅。"因命食采于梅，赐以为氏。梅之有姓，自此始。至纣时，梅伯以直言谏妲己事被醢，族遂隐。迨周有摽有始出仕，其实行著于诗，垂三十余世。汉成帝时，梅福以文学补南昌尉，上书言朝廷事，不纳，亦隐去。变姓名，为吴市门卒，云自是子孙散处不甚显。汉末绿林盗起，避地大林。大将军曹操行师失道，军士渴甚，愿见梅氏。梅聚族谋曰："老瞒垂涎汉鼎，人不韪之，吾家世清白，慎勿与语。"竟匿不出。厥后，累生叶，叶生萼，萼生蕊，蕊生华，是为先生。先生为人修洁洒落，秀外莹中，玉立风尘，表飘飘然，真神仙中人。所居竹篱茅舍，洒如也。东西行者过其处，必徘徊指顾："是梅先生之居，勿剪勿除，溪山风月，其与之俱乎？"先生雅与高人韵士游，徂徕十八公、山阴此君辈皆岁寒友。何逊为扬州法曹掾，虚东阁，待先生。先生遇之甚厚，相对移日，留数诗而归。唐丞相宋璟平生铁石心肠，不轻为人题品，独为先生赋之。其见重如此。天宝大历间，杜甫客秦山，邂逅风雪中，巡檐索笑，遂为知心，每语人："仆在远道，无可与人与语，得梅先生，少慰焉。"甫为一代诗宗，心所赏好，众口翕然。于是先生之名闻天下，清江、成都、罗浮、大庾岭、孤山石亭、野桥、溪路之滨，山店、水驿、江岸之侧，遇会心处，辄婆娑久之。好事者争攀挽过其家，甚至图写其象（像），朝夕瞻玩。或以油窗土屋屈致先生，将之射利，先生亦为开心吐露。人为先生叹非其所，先生曰："苟不盘根错节，安能以别利器？"知先生者，敬爱愈重。钱塘林逋，眉山苏轼，咸以诗歌美之。盖凡欲以片言行者，必托先生藉口；苟非先生之为容，则语言无味。百世之下，闻其风而高之。王沂公曾居要路，持魁柄，高下人物，许在百花头上，由是绯绿景景至于今不坠。先生性孤高，不喜混荣贵，以酸苦自守。忽一夕，闻高楼羌管声，乃凄然有感："吾不能学桃杏辈趋时，故际穷年，风饕雪虐，零落如此。奚憾焉？"呜呼！梅自大林之后，旷数百载无闻人。由唐至宋，稍流派繁衍，分南北两支。世传南暖北寒，先生盖居于南者也。先生诸子甚多，长云实，操行坚固，人谓有父风味，异居南京犀浦者为黄姓，其余别族具载《石湖世谱》。太史公曰："梅先生，翩翩浊世之高士也。观其清标雅韵，有古君子之风焉。彼华腴绮丽乌能辱之哉！以古天下人士景爱慕仰，岂虚也耶！"

八、徐渭的《梅赋》

明朝是一个人才辈出的时代，尤其是在明朝晚期，涌现出许多著名的文学家、书画家。徐渭就是这个时代的三大才子之一。徐渭青少年时未得到亲生父母的疼爱，在家庭中地位低下，有寄人篱下之感。然而他聪颖异常，文思敏捷，6 岁读书，9 岁便能作文，享誉远近。当地的绅士们称他为神童，将其与东汉的杨修、唐朝的刘晏相提并论。在世态炎凉之中，徐渭形成了既孤傲自赏，又郁郁寡欢的性格。他的诗文恣露胸臆、奇傲纵诞，有超逸千古的不羁之气。徐渭曾应他人之请而创作了"四花赋"，其中便有写梅的《梅赋》一篇，你若慢慢品读他所作的《梅赋》一文，便可体察到他的才情与胸臆。

我们看到徐渭在庾岭之梅，写梅所处的环境，写梅坚强不屈的风骨，极尽笔墨描绘梅花的英姿，"妙英隽发；肌理冰凝，干肤铁屈""蕊一攒而集霞，葩五出而争雪。"从树干写到花，再写梅花的冷艳与清香。"缊香气于空表，弄皎色于霄端""寄江南之退信""报塞北之春天"。以大开大合之笔墨气势，纵横千里，纵览古今。

东风弄清香　张展欣画并题　248厘米×129厘米

有客孤山吊鶴歸
丰府分幸插疎梅
衡頭元女不解事
咻道姜花人已回

元馮子振担上梅詩意
展欣畫
戊戌季秋立夫題

冯子振《担上梅》诗意　张展欣画　王立夫题　153厘米×84厘米

徐渭在写古今之梅，也在写自己，多次科举败北，人生进入严冬，可他骨子里如梅干般坚韧，"处寂寞而贞厉，守冷素以自恬"，经风吹，经癯疗，"历世味之饱谙"而终"得气之先，得液之酸"，而可占上林苑，可调商鼎之盐。他人生的伟大抱负是风寒摧不垮、冰雪冻不死的，饱受世态百苦，为的是将来可以担当大任。

纵览古今的文学艺术作品，作者无论怎样直露、隐晦地表达自己的心境，他笔下流淌的笔墨线条、文字符号都是他人生观、价值观的外化，都是他精神世界的扬化。徐渭的《梅赋》，字里行间荡溢的是他在巨大的苦难面前，不屈从命运的压迫，依然保持热爱人生、关怀社会的热情，表现出坚强、乐观的人格心态。这不正是梅花的品格吗？

梅花赋（明 徐渭）

往予薄游海外，闻罗浮之胜，而未得登焉。盖昔所称入梦之种，不可得而见矣。涉冬出大庾，见庾岭之梅，则多粗理而绛襦者欤。抵玉山，人言东岳之奇，往观焉。则见其孤生瑰古，偃伏回卷，一花千叶，并蒂数萼，忽上竦而扶疏者欤。至于依山临涧，覆桥横野，间松杂竹，屋角墙茨，境非不美也，未闻其走马而征舆。岂非品质靡异，类别有区，人固玩视其习，而好言其殊。

尔其孤桀矜竞，妙英隽发；肌理冰凝，干肤铁屈。留连野水之烟，淡荡寒山之月；蕊一攒而集霞，葩五出而争雪。侧披断碛，

委朔风其将吹；忽上高空，助冻云之欲结。杪数英之半掬，中万斛之一搏；古干横肱，玉龙游而张甲；编条聚脑，白凤戢以梳翰。佩玦缤纷，何啻凌波之子；肌肤绰约，无言姑射之仙。趣将幽而见取，艳以冷而为妍；缊香气于空表，弄皎色于霄端。瘦影横窗，瘫然山泽；素魂丽壁，忽尔婵娟。托使将传，寄江南之退信；随风暗度，报塞北之春天。羌笛之一声，韵全飘于纤指；素琴三弄，神屡托于冰弦。

是以古道清流，墨工图史，或拗之为一窝，亦种之于数里。围棋酌酒，相与偃卧其中；落月乃风，务印纵横之所。彼称既醉，逼清气而不胜；我则含毫，占春光于长住。斯亦可谓一节之高，而未足以尽旷然之意。

乃有岩居之徒、溪饮之老，短褐黄冠、庞眉寿考，跨寨策筇，热浆烹藻，望谷口以穷搜，坐石头而拂扫。亦有游心道德之儒、含思风雅之伯，读易说诗于其下，咏骚作记当其处。飞觞爵于弥留，顾徘徊而不去；景得人而益增，人因景而标致。斯风格之雅幽，而韵调之殊异。亦足以快心畅神，洗嚣破滞，又何羡乎罗浮之奇而东岳之丽？

且余观夫梅之为物也，得气之先，得液之酸。酸者木之正味，先者序之履端。先则浑沦庞笃，含泰和而独饱；酸则甘辛咸苦，受何味而弗便。含之饱者发斯盛，便以受者和必完。是以先驱百卉，遂占上林之苑；均齐五味，兼济商鼎之盐。其始也，点缀文章，泄天地之春于一夜；其终

梅花一太极
老我一般
梅花点
笔无言

万点墨梅一太极　张展欣画　李乾元题　367厘米×144厘米

琼枝浮翠浪
滕胧迷望璀光
隐现中一天景
阳动不散晚
泽似碧纱笼
光绪戊代振烟梅诗素
袁居欣兄之嘱
志所书

冯子振《烟梅》诗意　张展欣画　郝竟存题　248厘米×129厘米

也，调和颐养，收天地之功于万全。

曾不知其处寂寞而贞厉，守冷素以自恬；悠扬乎松菊之圃，盘错乎水石间；风飚撼之而不动，瘴疠攻之而罔顾。雪霰既零，条枚益肄；阴幽外剥，阳气内渐。迨花实之致用，历世味之饱谙；何桃李之弱质，敢先后以齐肩？苟天将降是人以大任，察物理而明其固然。

九、杨师孔的《法华山看梅记》

杨师孔这位出自贵州贵阳的明朝高官，为政清廉，办事认真。生平工诗文，好浏览，精书法，善真行大书，所到多题咏。尤爱梅花，在浙江任职多年，多有耳闻，西溪梅花最负盛名。杨师孔到实地一游，写下的《法华山看梅记》记述的是他到西溪探梅的真情实感；其文移步换景，选奇择要，以绘景观图的方式，抒写肺腑之声。在文中他还提出"梅全以韵胜"和看梅如看画的赏梅主张，给人以启迪。他是这样娓娓道来的：

文章开门见山，直抒胸臆，他生性非常喜爱梅花，听说古荡那里有二十里的梅花，"心神已飞越矣"。

走进法华山，他首先写听到的是檐沟流水淙淙作响。然后写看到的是黎明见一碧轻云，四山如黛，山容初浴，溪流送响，树色花光，俱如晓妆初罢。

杨师孔的目光从地上移到天上，乘着一辆马车，从雨缝中穿过。出城到昭庆，转过松林场，远远望见保俶塔一带，"行到二三里许，小桥流水，修竹长松，茅屋一两家，掩映于深翠浓荫中"。山村的儿童和老妇，隐藏在竹林后边偷看我们，就像武陵人刚过桃花源一样。惊喜相向的那个时候，再前行二三里到了古荡。紫沂带着孩子已在自家庄上等我们了。竹林中小径蜿蜒，隔溪看那梅花有几株白得像雪，此时已窥见古荡梅花的一些风貌了。接着一起乘竹轿子到佛慧寺，看到一派绿云缭绕中点缀着如雪一样的梅花，面积有数亩之多。这种美景已让我们目不暇接。再前到三四里，群山环绕，小路盘旋，竹窑松深，梅花千万树连成一片。回头看轿夫仆人，都在众香回里。他这样写，十分有画面感，像电影蒙太奇，一幕一幕地展现，撩拨阅读者跟着他去赏梅的浓烈欲望。

接着，他告诉我们，赏梅，怎么赏呢？回答清晰：梅花一概以韵味取胜，不只是花萼奇特，气味芬芳，烂漫夺目；即使是虬枝铁干，也旁逸斜出，参差错杂，千奇百怪，没有人能用言语形容。只恐是梅花道人（吴镇）拿着淡墨来画，横拖醉抹，也应当甘拜下风。

看梅花就像看画：天气太晴朗了，梅花显得干燥不润泽；雨太大了，梅花就显得滞涩少活力。这一天，老天爷有情，十分配合，大半是阴天，密云青雾，几番聚集又分散，满天的雨气，就挂在眼前，飘来飘去，但始终没有落下，就好像设置了

几重水墨障一样，天公以此来爱护梅花的仙姿，让我们这几人轻松愉快地游玩，得以尽情地享受赏梅的美好情趣。

他置身在"松下映竹，竹下映梅"深静幽彻的氛围之中，感叹"到此令人名利俱冷"。他从赏梅中感悟对名利的理解，对灵魂的震撼，对燥狂之心的安抚，视事为空，视其为无。纵观中华文明，大凡超脱名利的先哲达人，都是清心寡欲的，对人生悟得非常透彻。杨师孔把赏梅时的所悟、所思写成游记，告诉后来看梅花的人从梅花身上找到参照，净化心灵，这或许是千百年来人们喜梅、爱梅的内在动力。

法华山看梅记（明　杨师孔）

余性酷喜看梅。西子湖一片胭脂气味，初至武林，未敢唐突。闻古荡二十里梅花，心神已飞越矣。花盛时天雨如注，淋漓暗淡，阴云不开。私意谓妒花风雨，差可于桃李场中争胜，岂得碍此冰雪姿耶？于十一日定游期，拉计部谢二兑、李顺嵩，乡绅杨紫沂，决意走绿萼丛中，一畅此神情也。

先期听檐溜淙淙有声。黎明见一碧轻云，四山如黛，山容初浴，溪流送响，树色花光，俱如晓妆初罢。迢迢一舆，从雨缝中度去，绝不见一沾洒。出郭至昭庆，转松木场，望保俶塔下一带，渐有山林气色。行二三里许，小桥流水，修竹长松，茅屋一两家，掩映于深翠浓荫中。童子村姬，蔽竹窥人，一如武陵人初入桃花源惊喜相问时也。再三里至古荡，紫沂携家童

冯子振《妆梅》诗意　张展欣画　巩革岩题　180厘米×97厘米

候本家庄上。竹径逶迤，茶香正熟，指隔溪梅花，数枝如雪，此时已窥见一斑矣。茶毕，同登笋舆至佛慧寺，一派绿云波荡中，点缀积雪数亩，已自不暇应接。进三四里许，山环径转，竹密松深，梅花千万树，回视舆人仆从，俱在众香国中。

梅全以韵胜，不但花萼之奇，芬芳烂漫，即虬枝铁干，潦倒离披，千奇万怪，莫能名状，恐梅花道人持淡墨横拖醉抹，亦当敛衽。土人爱惜本业，花下不容一凡草。松下映竹，竹下映梅，深静幽彻，到此令人名利心俱冷。

看梅如看画，太晴枯而不润，太雨滞而不活。是日大半阴晴，密云翠霭，聚而复散者几番，一天雨色，悬在眉睫，翩然不坠，如设数重水墨障，以爱惜此仙姿，令吾二三子轻描淡抹，得悉尽此佳趣也。

溪山尽处忽开广陌，为西溪、留下。竹林深处乃永兴古寺，绿萼梅可荫数亩，甃以怪石，蔽云欺日，香雪万重。同紫沂上僧楼俯视，如坐银海。顷，二兑、顺嵩先后至，叱侍童治具花底。引满尽醉，咏歌而归。枕上袭袭作梅花香气，早起急敕墨卿笔之，以告后来看梅者。

十、龚自珍的《病梅馆记》

多少年来，文人雅士赏梅都以曲、欹、疏为美，可在龚自珍的眼里，在他的《病梅馆记》里，这却是病态，是天然的梅被扭曲了，还是人们传统的审美观念被扭曲了？是梅病了？还是人病了？社会病了呢？

龚自珍是清代思想家、诗人、文学家和改良主义的先驱者。他主张革除弊政，抵制外国侵略，曾全力支持林则徐禁除鸦片。他的诗文主张"更法""改图"。其思想受明中叶以来伸张个性思潮的影响，反对封建专制，具有个性解放的启蒙色彩。在他的《病梅馆记》里，他以两种截然不同的审美观，托梅写人，暗箭直射清朝统治者为维护封建专制，实行严酷的思想统治，戕害刚正忠贞、富有朝气的人才，钳制人们成为屈曲奸邪、蝇营狗苟的庸才和奴才的行径。

《病梅馆记》，从题目字面上看，写的是梅，落笔的重点在"病"字上。文章开篇从梅的产地入题，引出叙议的对象，以梅喻人，托物言志，为下文江浙之梅皆病设伏笔。接着用曲与直、欹与正、疏与密的对比，摆出了两种截然相反的审美观。而那些文人画士们，则欲将天下之梅"斫直""删密""锄正"，以达到"夭梅病梅"的罪恶目的。寥寥数语，严正地抨击了文人画士的不良居心和邪恶用意，揭示了病梅的社会根源。接着写自己疗梅的经过和期望。"疗梅"的方法，就是"纵之顺之，毁其盆，悉埋于地，解其棕缚"，一句话，就是摧毁封建统治禁锢人才的精

神枷锁。

文章字字写梅，处处写梅，通篇写梅：产梅之地、夭梅之由、叹梅之病、疗梅之法。层层写来，有叙有议，每一段每一层，以梅喻人，托物言志，都在影射腐朽的现实政治，其不愧为思想家、文学家和改良主义的先驱。

回过头来，我们从审美的视角切入，再细读龚自珍这篇小品文，是否也应该引起我们的反省呢？

病梅馆记（清 龚自珍）

江宁之龙蟠、苏州之邓尉、杭州之西溪，皆产梅。或曰："梅以曲为美，直则无姿；以欹为美，正则无景；以疏为美，密则无态。"固也。此文人画士，心知其意，未可明诏大号以绳天下之梅也；又不可以使天下之民斫直、删密、锄正，以夭梅病梅为业以求钱也。梅之欹之疏之曲，又非蠢蠢求钱之民能以其智力为也。有以文人画士孤癖之隐明告鬻梅者，斫其正，养其旁条，删其密，夭其稚枝，锄其直，遏其生气，以求重价，而江浙之梅皆病。文人画士之祸之烈至此哉！

予购三百盆，皆病者，无一完者。既泣之三日，乃誓疗之：纵之顺之，毁其盆，悉埋于地，解其棕缚；以五年为期，必复之全之。予本非文人画士，甘受诟厉，辟病梅之馆以贮之。

呜呼！安得使予多暇日，又多闲田，以广贮江宁、杭州、苏州之病梅，穷予生之光阴以疗梅也哉！

冯子振《罗浮梅》诗意　张展欣画
刘诗东题　153厘米×84厘米

十一、林纾的《记超山梅花》

林纾，桐城派末期代表作家，能诗能画。

1899年林纾应同乡杭州府仁和县知县陈希贤之聘，告别了自己生活了整整47个春秋的故乡，举家移居杭州。林纾在杭州教书之余，每天与友人一起访杭州名山胜水，流连于人间天堂绮丽美景之中，《记超山梅花》正是他这期间所作的游记。

从文中可以看到林纾对杭州山水的热爱，尤其是对梅花，他是那样尊崇，爱得

深，看得细，他眼中的宋梅，树的躯干已被岁月熬干了，依然没有倒下，顽强地在与风雨、时间抗争。苍老古拙的枝干曲折多姿，身上布满了青苔痕迹，那青苔是什么样子的呢？它像鱼鳞般排列整齐，经日月消磨，青苔变成锈迹斑斑的青铜色了，林纾的内心被宋梅征服。

接着他到唐玉潜祠，哎哟，这里的梅花正在盛开，梅树纵横交错，一片雪白，高低山坡，遍布密植，这是一片花的海洋。这花香气馥郁，弥漫山林，置身在这清香

漫飘的世界，心旷神怡，再看那漫山的梅花如重重叠叠的素绢，此起彼伏，堆满山谷，沉醉在香雪花海之中走了好久，才走出"梅窝"。

第二天拂晓，他们仍旧乘小舢板绕到超山的南面，这里的梅花更多于山北。溪水辽阔微远，古树枝叶浓密……中午用餐的时候，林纾举杯赞叹不已，平生所见过的梅花都没有这里茂密繁盛。但容伯却说，"若待冬雪过后，此间的梅花越发奇丽清绝。若论远观梅花胜地，栖溪为最好。"

若仅仅欣赏到这里，林纾的这篇美文与历史上的一些游记没有什么特别之处。再仔细读一遍，不难发现，文章从头到尾有一个人物——夏容伯。他贯穿始终，是一个隐居栖溪的"导游"，相约几人去探梅，看完香海楼旁边的"宋梅"，又领着大伙去观摩明代的梅，接着他带领大家到唐玉潜祠盛放的梅，在午间用餐时他告诉林纾栖溪的梅花更具特色。其实林纾在这里用小说刻画人物的方法在刻画夏容伯，刻画一个酷爱梅花，热爱生活的人。同时也在为自己爱梅花、爱生活建立一个参照来。

林纾这种以小说刻画人物的手法，以画家审美的目光取舍，以诗性的语言表达，给清末文坛惯于考据的时风以无情的荡涤和有力冲击，为白话文的游记散文提供了成功的借鉴。

这才是林纾这篇《记超山梅花》长存于文库，熠熠生辉的意义所在。

记超山梅花（清 林纾）

夏容伯同声，嗜古士也，隐于栖溪。余与陈吉士、高啸桐买舟访之。约寻梅于超山。由溪上易小舟，循浅濑至超山之北。沿岸已见梅花。里许，遵陆至香海楼，观宋梅。梅身半枯，侧立水次；古干诘屈，苔蟠其身，齿齿作鳞甲。年久，苔色幻为铜青。旁列十余树，容伯言皆明产也。景物凄黯无可纪，余索然将返。容伯导余过唐玉潜祠下，花乃大盛：纵横交纠，玉雪一色；步武高下，沿梅得径。远馥林麓，近偎陂陀；丛芬积缟，弥满山谷。几四里始出梅窝，阴松列队，下闻溪声，余来船已停濑上矣。余以步，船人以水，沿溪行，路尽适相值也。是晚仍归栖溪。

迟明，复以小舟绕出山南，花益多于山北。野水古木，渺滞翳，小径岐出为八、九道，抵梅而尽。至乾元观，观所谓水洞者。潭水清冽，怪石怒起水上，水附壁而止。石状谺閜，阴绿惨淡。石脉直接旱洞。旱洞居观右偏。三十余级，及洞口，深窈沉黑中，有风水荡击之声。同游陈寄湖、涤寮兄弟，爇管入，不竟洞而出。潭之右偏，镌"海云洞"三大字，宋赵清献笔也。寻丁酉轩父子石像，已剥落，碣犹隐隐可读。容伯饭我观中。余举觞叹息，以生平所见梅花，咸不如此之多且盛也。容伯言："冬雪霁后，花益奇丽，过于西溪。"然西溪余两至，均失梅候。今但作《超山梅花记》，一寄容伯，一寄余友陈寿慈于福州。寿慈亦嗜梅者也。

——选自木刻本《畏庐文集》

冯子振《簪梅》诗意　张展欣画　彭柯题　180厘米×97厘米

十二、林徽因的《蛛丝与梅花》

说到现代才女，首屈一指的便是林徽因，评说现代爱情的浪漫故事，跳开林徽因或许要逊色许多。她是中国著名的建筑师、诗人和作家。在散文、诗歌、小说、剧本、翻译方面，才华非凡。她像一个不食人间烟火的仙女，在古建筑间穿行，在诗文中游走，漫步于红尘之上，淡定，与世无争。

1936 年，她在《大公报·文艺副刊》上发表《蛛丝与梅花》一文，从中，我们可以走进她那洁净无瑕、秋水冰清的精神世界，品出其中三味。她的思维信马由缰，从蛛丝牵引到梅花，继而又到朋友初恋时的玉兰；从"解看花意"的东方式的最令人怜惜的"春红"——海棠，又见华丽装饰、曲线复杂和散逸错落。全文各段落随着作者灵动的思绪自由跳跃，毫无起承转合的痕迹。她以个人的独特性格、建筑师的审美眼光从异常纤巧细微的角度去观照人物、情景和人生，以清新的风格、细密的思考和真挚的情感，将自己的思绪真实地展现在读者面前。

有人说，林徽因是一个集美丽、优雅与才情于一身的女人。她的命运如蛛丝般纠缠与纠结，性情如梅花般高洁高雅。她的唯美散文《蛛丝与梅花》便是对她最好的注解：她"有点像银，也有点像玻璃，偏偏那么斜挂在梅花的枝梢上。"一朵美丽的梅花，一朵谦逊的梅花，一朵默默奉献的梅花，一朵不畏严寒的梅花，这样的梅花怎不叫人动心呢？

也有人说，林徽因的《蛛丝与梅花》，由蛛丝说到梅花，牵引到整个宇宙的天与地、过去与未来，联想到一切自然造物的神功和不可思议，思想驰骋，艺术的、哲

冯子振《鸳鸯梅》诗意　张展欣画
陈浩题　180厘米×97厘米

冯子振《照镜梅》诗意　张展欣画　孟浩题　180厘米×97厘米

冯子振《茅舍梅》 张展欣画 马流洲题 248厘米×129厘米

学的，蛛丝梅花引发的联想与思考竟是瞬息千万里。

蛛丝与梅花（现代 林徽因）

真真地就是那么两根蛛丝，由门框边轻轻地牵到一枝梅花上。就是那么两根细丝，迎着太阳光发亮……再多了，那还像样么。一个摩登家庭如何能容蛛网在光天白日里作怪，管它有多美丽，多玄妙，多细致，够你对着它联想到一切自然造物的神工和不可思议处；这两根丝本来就该使人脸红，且在冬天够多特别！可是亮亮的，细细的，倒有点像银，也有点像玻璃制的细丝，委实不算讨厌，尤其是它们那么洒脱风雅，偏偏那样有意无意地斜着搭在梅花的枝梢上。

你向着那丝看，冬天的太阳照满了屋内，窗明几净，每朵含苞的，开透的，半开的梅花在那里挺秀吐香，情绪不禁迷茫缥缈地充溢心胸，在那刹那的时间中振荡。同蛛丝一样的细弱，和不必需，思想开始抛引出去：由过去牵到将来，意识的，非意识的，由门框梅花牵出宇宙，浮云沧波踪迹不定。是人性，艺术，还是哲学，你也无暇计较，你不能制止你情绪的充溢，思想的驰骋，蛛丝梅花竟然是瞬息可以千里！

好比你是蜘蛛，你的周围也有你自织

的蛛网，细致地牵引着天地，不怕多少次风雨来吹断它，你不会停止了这生命上基本的活动。此刻，"一枝斜好""幽香不知甚处"……

拿梅花来说吧，一串串丹红的结蕊缀在秀劲的傲骨上，最可爱，最可赏，等半绽将开地错落在老枝上时，你便会心跳！梅花最怕开，开了便没话说。索性残了，沁香拂散，同夜里炉火都能成了一种温存的凄清。

记起了，也就是说到梅花，玉兰。初是有个朋友说起初恋时玉兰刚开完，天气每天的暖，住在湖旁，每夜跑到湖边林子里走路，又静坐幽僻石上看隔岸灯火，感到好像仅有如此虔诚的孤对一片泓碧寒星远市，才能把心里情绪抓紧了，放在最可靠最纯净的一撮思想里，始不至亵渎了或是惊着那"寤寐思服"的人儿。那是极年轻的男子初恋的情景，——对象渺茫高远，反而近求"自我的"郁结深浅——他问起少女的情绪。

就在这里，忽记起梅花。一枝两枝，老枝细枝，横着，虬着，描着影子，喷着细香；太阳淡淡金色地铺在地板上；四壁琳琅，书架上的书和书签都像在发出言语；墙上小对联记不得是谁的集句；中条是东坡的诗。你敛住气，简直不敢喘息，踮起脚，细小的身形嵌在书房中间，看残照当窗，花影摇曳，你像失落了什么，有点迷惘。又像"怪东风着意相寻"，有点儿没主意！浪漫，极端的浪漫。"飞花满地谁为扫？"你问，情绪风似的吹动，卷过，停留在惜花上面。再回头看看，花依旧嫣然不语。"如此娉婷，谁人解看花意"，你更沉默，几乎热情地感到花的寂寞，开始怜花，把同情统统诗意地交给了花心！

这不是初恋，是未恋，正自觉"解看花意"的时代。情绪的不同，不止是男子和女子有分别，东方和西方也甚有差异。情绪即使根本相同，情绪的象征，情绪所寄托，所栖止的事物却常常不同。水和星子同西方情绪的联系，早就成了习惯。一

冯子振《琴屋梅》诗意
张展欣画　石锋题
180厘米×97厘米

颗星子在蓝天里闪，一流冷涧倾泻一片幽
愁的平静，便激起他们诗情的波涌，心里
甜蜜地，热情地便唱着由那些鹅羽的笔锋
散下来的"她的眼如同星子在暮天里闪"，
或是"明丽如同单独的那颗星，照着晚来
的天"，或"多少次了，在一流碧水旁边，
忧愁倚下她低垂的脸"。惜花，解花太东
方，亲昵自然，含着人性的细致是东方传

统的情绪。

此外年龄还有尺寸，一样是愁，却跃
跃似喜，十六岁时的，微风零乱，不颓废，
不空虚，踮着理想的脚充满希望，东方和
西方却一样。人老了脉脉烟雨，愁吟或牢
骚多折损诗的活泼。大家如香山，稼轩，
东坡，放翁的白发华发，很少不梗在诗里，
至少是令人不快。话说远了，刚说是惜花，

墨香千秋　张展欣画　李乾元题　367厘米×144厘米

东方老少都免不了这嗜好，这倒不论老的雪鬓曳杖，深闺里也就攒眉千度。

最叫人惜的花是海棠一类的"春红"，那样娇嫩明艳，开过了残红满地，太招惹同情和伤感。但在西方即使也有我们同样的花，也还缺乏我们的廊庑庭院。有了"庭院深深深几许"才有一种庭院里特有的情绪。如果李易安的"斜风细雨"底下不是

"重门须闭"也就不"萧条"得那样深沉可爱；李后主的"终日谁来"也一样的别有寂寞滋味。看花更须庭院，深深锁在里面认识，不时还得有轩窗栏杆，给你一点凭借，虽然也用不着十二栏杆倚遍，那么慵弱无聊。

当然旧诗里伤愁太多，一首诗竟像一张美的证券，可以照着市价去兑现！所以

一笑春河山
八面汇清流
辰敬五 乾元聪

庭花，乱红，黄昏，寂寞太滥，时常失却诚实。西洋诗，恋爱总站在前头，或是"忘掉"，或是"记起"，月是为爱，花也是为爱，只使全是真情，也未尝不太腻味。就以两边好的来讲。拿他们的月光同我们的月色比，似乎是月色滋味深长得多。花更不用说了，我们的花"不是预备采下缀成花球，或花冠献给恋人的"，却是一树一树绰约的，个性的，自己立在情人的地位上接受恋歌的。

所以未恋时的对象最自然的是花，不是因为花而起的感慨——十六岁时无所谓感慨——仅是刚说过的自觉解花的情绪。寄托在那清丽无语的上边，你心折它绝韵

一笑秀河山 张展欣画 李乾元题 367厘米×144厘米

孤高，你为花动了感情，实说你同花恋爱，也未尝不可——那惊讶狂喜也不减于初恋。还有那凝望，那沉思……

一根蛛丝！记忆也同一根蛛丝，搭在梅花上就由梅花枝上牵引出去，虽未织成密网，这诗意的前后，也就是相隔十几年的情绪的联络。

午后的阳光仍然斜照，庭院阒然，离离疏影，房里窗棂和梅花依然伴和成为图案，两根蛛丝在冬天还可以算为奇迹，你望着它看，真有点像银，也有点像玻璃，偏偏那么斜挂在梅花的枝梢上。

遠憑春信向知音 離恨何如隴水深
本是江南無所有 約君同識歲寒心
元馮子振寄梅詩意
歲次戊戌夏展欣畫 黃偉題於著鳴閣

冯子振《寄梅》诗意　张展欣画　王伟题　180厘米×97厘米

第四章 · 诗词之梅

华夏大地是一个诗兴澎湃的国度，从风、雅、颂到唐诗宋词，无处不漫溢着诗的阳光，在这片诗词的海洋里，逐浪扬波，共同簇拥着美丽的天使——梅花。历代文人墨客，不惜笔墨、情愫，描摹她，赞颂她。据粗略统计，从古到今描写梅花的诗词有数万首，中华书局1981年出版的《全宋词》，共收词2万多首，咏梅词及相关题材之作有1120多首，占5.6%。若与其他咏花题材的诗词相比，咏梅词的数量也显示出绝对的优势，所咏之花有57种，其中咏梅花的达1041首，占咏花词的47.1%，居于首位，若再加上咏蜡梅词49首，宋词中，咏梅词占整个咏花词的半壁江山。

面对诗词的烟海浩波，在这里我们只能舀一勺来品尝。

有学者考证咏梅花的诗歌最早出现在汉魏时期，乐府即有《梅花落》《大梅花》《小梅花》等曲名，今见最早的《梅花落》曲辞是南朝宋鲍照的作品。梅花诗也出现在此前后。汉代的乐府诗便有这样的句子："庭前一树梅，寒多未觉开。只言花似雪，不悟有香来。"陆凯赠范晔一枝春也成为文人传诵的经典。齐梁的咏梅之作多见，最著名的是何逊的《咏早梅诗》。

南北朝宫体诗人庾信的《梅花》："当年腊月半，已觉梅花阑。不信今春晚，俱来雪里看。树动悬冰落，枝高出手寒。早知觅不见，真悔着衣单。"记述的是赏梅时节天气的寒冷与内心的遗憾。

南朝梁简文帝萧纲在《雪里觅梅花》中这样写道："绝讶梅花晚，争来雪里窥。下枝低可见，高处远难知。俱羞惜腕露，相让道腰嬴。定须还剪采，学作两三枝。"他突出地描述了梅花傲雪的姿态。

唐代三大诗人李白、杜甫和白居易都写过很多梅花题材的诗作，其中有不少传世名篇，令百世仰慕。

在咏梅的诗词当中，林逋这首《山园小梅》当是千古公认的第一梅花诗："众芳摇落独暄妍，占尽风情向小园。疏影横斜水清浅，暗香浮动月黄昏。霜禽欲下先偷眼，粉蝶如知合断魂。幸有微吟可相狎，不须檀板共金樽。"

若论爱梅、惜梅，古今天下第一人当推这位林先生，他在最美好的韶华里，修得前世的梅花缘，以睥睨红尘的姿态，伴着清幽的月色，在山园里赏梅，以诗词助兴。这种生活状态，令多少人向往，唯独林逋能品梅，能玩鹤，能吟诗，把那幽静的隐居生活，过得有声有色，就连大文豪苏东坡也艳羡不已，其赞曰："先生可是绝伦人，神清骨冷无尘俗。"

你看他的小院，当姹紫嫣红的百花凋零的时候，唯剩梅花孤高冷香，迎着寒风昂然盛开，那明丽动人的景色占尽了小园的风光。梅花神清骨秀，高洁端庄，幽独超逸。"疏影横斜"是梅的风骨，"暗香浮动"是梅的魂魄，牡丹芍药花太艳，桃李浓郁味太重。黄昏月色下，于清澈的水边品梅，那静谧的意境、疏淡的梅影，缕缕清香，勾魂摄魄，沁人心脾。

这白鹤也爱梅深切，还未来得及飞下

旭日映绿梅　张展欣画　李乾元题　367厘米×144厘米

来赏梅，就迫不及待地先偷看梅花几眼，而蝴蝶则喜梅至销魂。一个"梅化了"的诗人，在赏梅中低声吟唱，使幽居的生活平添几分雅兴，在恬静的山林里自得其乐，别有风情，别有韵致。这种清淡的生活无需音乐、饮宴那些热闹的俗情来凑趣。研一池新墨，摘一缕白云，翠竹环绕，花木掩映，与梅花仙鹤为伴，在时光里临花照影，盛雪煮茶，在梅花树下，闲吟诗话，道人间浮世沧桑，岂不是享仙人之乐？

全诗妙在脱花之形迹，写花之神韵，从天地间多角度、多侧面烘托渲染梅花清

绝高洁的风骨。这种神韵其实是诗人幽独清高、自甘淡泊人格的写照。

宋代的卢梅坡在《雪梅·其二》中对人、雪、梅三者的关系，做了透彻的阐发："有梅无雪不精神，有雪无诗俗了人。日暮诗成天又雪，与梅并作十分春。"

古今不少诗文往往把雪与梅并写。雪因为梅，透露出春的消息，更显出高尚品格，如果只有梅花没有雪的话，少了陪衬，没精神气质可赏；如果下雪了，没有诗文辅佐，那又是多么俗气。冬日的傍晚，就着夕阳，燃着诗兴，伴着白雪，赏着梅花，

冯子振《澡畦梅》诗意　张展欣画　梅启林题　97厘米×180厘米

透着春天的温情，艳丽多姿，生机萌发，那是人世间难以企求的赏梅时空，也是华夏子民品梅、赏梅的天性选择。

一、梅花是我，我是梅花

诗人在写梅时，常常物我两忘，完全把自己融化在天地间，同梅花一道接受严寒的洗礼，体悟大地的恩泽。"十年无梦得还家，独立青峰野水涯。天地寂寥山雨歇，几生修得到梅花？"

或许不必几生，只需静静地、用心地品读这首梅花诗，你就会进入语境。谢枋得这位宋代的诗人，力抗元军，兵败后隐居福建，弃家入山，次年妻儿被俘，家破人亡。他何曾不思念家乡？但是这十年连还家的梦都不曾有过。这是何等的决绝情怀。青峰奇秀，野水悠悠，这寂静的山河，哪里是我落脚的地方？淅淅沥沥的春雨洗尽山色之后，止哭开怀。清旷的田野、弥漫的青草，这是山中气象，也是人间真情，

谢枋得身在"此山中"，仿佛看到数九隆冬，冰封大地，百花凋谢，唯梅花一枝独放。可待到来年春回草长、群芳争艳时，梅花却默默无语，先春花而去，人要几生几世才修炼到梅花这样的境界哟！

诗人孤傲不群，坚贞自励，以梅自许，后来他被胁迫至燕京，绝食而亡。他化作一朵梅，深深地浸染在赤县大地龙脉的根系里。

王冕是位画家，他用笔墨造梅万树，画中每寸线条都是他生命轨迹的血痕："冰雪林中著此身，不同桃李混芳尘。忽然一夜清香发，散作乾坤万里春。"

在冰天雪地里铸就不凡的身子骨，孤傲凌然，坚韧挺拔，耐得住寂寞，耐得住风寒侵袭，我就是我，不与俗花俗流混在一起。借得春风暖流，一夜花开，芳香散播天涯。诗人志在远方，不在眼前的虚名和荣华间苟且，心在满乾坤，志在万里春。

这是有声的诗、无声的梅，留得清气，弥漫乾坤。诗人的志向、豪情全贯注在这里。

"我是清都山水郎，天教分付与疏狂。曾批给雨支风券，累上留云借月章。诗万首，酒千觞。几曾著眼看侯王？玉楼金阙慵归去，且插梅花醉洛阳。" 朱敦儒这首词是在汴京罢官返回洛阳后所作。一般来说革职罢官后情绪低落，看破红尘，慢慢消沉。而朱敦儒却与众不同，他要摆脱凡尘的羁绊，追寻自己想要的生活。看他怎么说：我是天上掌管山水的郎官，我这种疏狂的性格是上天赋予的，天帝多次批给我支配风雨的手令，我也多次上奏老天留住彩云，借走月亮。其气魄之狂妄、想象之洪荒，足见一斑。再看他的心境：诗酒放荡，轻王侯，鄙视名利，孤高无比，连天宫的官我都懒得去做，还看得上什么王侯将相吗？拨开尘雾，竭力去追求鼓满壮志的理想，醉卧酒乡，与梅为伍，且乐且逍遥。

谈及与梅花为伍者，不能不提到那个爱梅如痴的陆放翁。他一生写了9000多首诗词，其中有大量的咏梅诗词，借咏梅表达自己怀才不遇的寂寞，凸显高标绝俗

冯子振《西湖梅》诗意　张展欣画　鲍尔吉·原野　248厘米×129厘米

王冕《墨梅》诗意　张展欣画　李乾元题　367厘米×144厘米

的人格。他一生坎坷，闲居在故乡山阴，已届78岁高龄，然他心若素梅，在凡尘世界里迎着晨风绽放，四面大山的坡地上，一树树梅花如雪般洁白，如无数脱茧孵化而出的蝴蝶，从天际倾泻而下，在漫天飞舞，数量真是多，千万只、亿万只，数不清。"我的心里下雪了"，每一棵梅树就是一个陆游。它长年不衰，梅花是放翁，放翁是梅花，化身千亿散长在梅枝上，身与梅相连，心与心相印，人梅合一，有道是"闻道梅花坼晓风，雪堆遍满四山中。何方可化身千亿，一树梅花一放翁。"

陆游一生酷爱梅花，并将其作为一种精神的载体来倾诉，梅花在他的笔下是一种坚贞不屈形象的象征："驿外断桥边，寂寞开无主。已是黄昏独自愁，更著风和雨。无意苦争春，一任群芳妒。零落成泥碾作尘，只有香如故。"

梅花是如此清幽绝俗，出于众花之上。可她当下的处境竟是郊野的驿站外面，还紧临着破败不堪的"断桥"。这里人迹罕至，寂寞荒寒，她备受冷落。身处此地，别指望有人来关照、呵护，生死枯荣全靠自己。别轻视身居荒僻处的野梅，虽无人

栽培、无人关注，但她凭着自身的力量，顽强地与恶劣的环境抗争，使生命放光亮彩。在黄昏的时候，她尚残存着一线被人发现的幻想，一阵阵凄风苦雨袭来，又不停地敲打她的身躯，身心俱损，不幸至极。

但那又怎么样呢？告诉你吧，梅花来到这个世界并无意去炫耀自己的花容花貌，也不曾去媚俗，去招蜂引蝶。她特意在开花的时间上选择与百花拉开距离，在孤独的冰天雪地里独自开放，既不与百花争夺春色，也不同菊花分享秋光，就算这样还要遭到百花的嫉妒。不论外界如何地碾压，

梅花贞心不改，依然故我，只求灵魂的纯洁与升华。即使花落了，化成泥土了，轧进尘埃了，她的清香依然驻留在人间。

陆游借梅言志，隐晦地写出险恶仕途中如何坚持高洁志行，不媚俗，不屈邪，忠贞不渝。这首咏梅词，通篇未见"梅"字，却处处传出"梅"的神韵，赞颂梅的崇高品格，暗和着他本人的寸心丹意。

辛弃疾的《念奴娇·梅》则如此写道："疏疏淡淡，问阿谁、堪比天真颜色。笑杀东君虚占断，多少朱朱白白。雪里温柔，水边明秀，不借春工力。骨清香嫩，迥然

天与奇绝。尝记宝籛寒轻，琐窗人睡起，玉纤轻摘。漂泊天涯空瘦损，犹有当年标格。万里风烟，一溪霜月，未怕欺他得。不如归去，阆苑有个人忆。"辛弃疾融化在这万千梅林之中，他体悟细微：

梅花枝头花影稀疏，花色浅浅，那天真自然的颜色是任何人工的东西都无可媲美的。在东君花神的统领下，百花有的白，有的红，红红白白，颜色繁多，但山下千林之花太俗，它们都没有梅花的神韵。这凌寒独放的梅花长在水边，开在雪里，一味清新，十分幽静，温柔明秀，远非桃李可比。梅花那玉洁冰清、香嫩魂冷、骨格奇绝、超凡入圣的品格是与生俱来的。

红梅沐银光　张展欣画　李乾元题　367厘米×144厘米

　　或许人们只看到表象，而梅花有如此傲骨也是风吹雨打、冰寒霜雪催生出来的。虽然漂泊天涯，形体瘦削，憔悴不堪，但风韵犹存，冰清玉洁，高雅不俗。不论是"万里风烟"，还是"一溪霜月"，都无法使梅花屈服。

　　仙宫中还有个人在想念它，这个人是谁？这个人就是辛弃疾。他一生力主恢复国家的统一，壮志未酬，悲愤在胸，不吐不快，被弹劾落职，退隐江湖。通篇都在写梅花，但都让我们清晰地看到，他将自己的人生之感全部注入梅干疏枝之中，寓意之深，耐人寻味。"雪里温柔"，傲骨凌然。

梅花是一面镜子，诗人从梅花身上看到了自己。宋神宗元丰年间，苏轼被贬到黄州，他偶读石延年的《红梅》，顿生感慨，挥笔写下《定风波·红梅》："好睡慵开莫厌迟。自怜冰脸不时宜。偶作小红桃杏色，闲雅，尚余孤瘦雪霜姿。　　休把闲心随物态，何事，酒生微晕沁瑶肌。诗老不知梅格在，吟咏，更看绿叶与青枝。"

不要厌烦贪睡的红梅久久不能开放，只是它过分地珍惜自己不合时宜。虽然红梅好睡，但并非沉睡不醒，而是深藏暗香，有所期待。当然红梅自知，在这百花凋零

的严寒时节，唯独自己含苞育蕾，在花萼和苞蕾外部铺着密集而光洁的白茸，尽管如同玉兔霜花般洁白可爱，那也不过是自我顾恋而已。"冰脸"是红梅的仪态，她不流俗，超然物外。红梅美姿丰神，色如桃杏，鲜艳娇丽，那只是她的外表。她的骨子里，孤傲瘦劲，斗雪凌霜。虽偶露红妆，光彩照人，但内心却始终藏雪霜之姿，依然还她"冰脸"本色，永葆梅格。

心性本是闲淡雅致，不屈随世态而转，肌肤本是洁白如玉，何以酒晕生红？红梅之所以不同于桃杏，与有无青枝绿叶无关。

冯子振《未开梅》诗意　张展欣画　季从南题　367厘米×144厘米

苏大人写红梅傲然挺立的性格，不正是在写自己迁谪黄州后的艰难处境和复杂心情吗？不愿屈节从流，身处穷厄而不苟于世，他洁身自守，超绝尘俗。

刘克庄的《落梅》中，因有"东风谬掌花权柄，却忌孤高不主张"之句，被言官李知孝等人指控为"讪谤当国"，一再被黜，坐废十年，这是历史上有名的"落梅诗案"。但诗人并没有屈服，他在《病后访梅九绝》中更坚定了自己："梦得因桃数左迁，长源为柳忤当权。幸然不识桃并柳，却被梅花累十年。"即使为梅坐牢十年，仍不觉悔，心定如铁，难能撼动："鹊报千林喜。还猛省、谢家池馆，早寒天气。要与瑶姬叙离索，草草杯盘藉地。怅减尽、何郎才思。不愿玉堂并金屋，愿年年、岁岁花间醉。餐秀色，挹高致。　西园飞盖东山妓。问何如、半山雪里，孤山烟外。管甚夜深风露冷，人与长瓶共睡。任翠羽、枝头多事。老子平生无他过，为梅花、受取风流罪。簪白发，莫教坠。"

落梅罢官之后，刘克庄并没有倒下，他仍然坚毅，大地回春，梅花似神女般超凡脱俗，当大官住华屋也不如有梅花陪伴，更希望"年年岁岁花间醉"。他爱梅痴梅，用尽天下溢美之词来颂赞梅。自己并没有像曹植、谢安那样纵情宴饮，携妓游乐，也不像林逋、王安石那样孤山赏梅，过隐居生活，反而因咏梅受到不公正的待遇。悲愤未平，但自己并未后悔，钢铁般顽强的意志告诫自己，一定要像梅花那样虽雪压霜欺，仍独自绽放。

蒋捷的《梅花引·荆溪阻雪》词中有这样的佳句："都道无人愁似我，今夜雪，有梅花，似我愁。"词人怀远之情，如荆溪流水那样，悠悠难尽，风雪漫天，令人愁苦万分，孤舟黑夜唯有灯与影相伴，天地极寒，唯有梅花傲然挺立，凌寒而放。但雪如此之大，天气如此之冷，梅花呀，你能否挺得住？是否像我一样，浸透在愁苦之中。

"素艳明寒雪，清香任晓风。可怜浑似我，零落此山中。"宋代李少云的五绝《梅花落》，其大意是：丰满茂盛的梅花，明艳得赛过白雪，散发出来的阵阵清香，随夜风飘送到远方，可惜她只能开放在山野中，花开花落无人在意。作者借梅花感叹自己的处境，体现了遭遇挫折时的心态，自怜自艾，满是萧索和无奈。

二、梅花是朋友，朋友是梅花

朋友，这千古绝唱的情谊，朋友即知己。心与心靠得最近的人才称得上是朋友，彼此交往，没有世俗的眼光，没有利益的取舍，正如李贺所言："人生所贵在知己，四海相逢骨肉亲。"然而许多文人骚客，常把梅花当朋友，借梅花来倾诉衷肠。我们来看唐代诗佛王维的五言诗《杂诗》："君自故乡来，应知故乡事。来日绮窗前，寒梅着花未？"身在异乡，一切来自家乡的信息他都想知道，故乡、故地、故人。故乡的老宅，种着许许多多的花，可我心心念念的，始终是绮窗前那一树凌寒浅笑的梅

冯子振《忆梅》诗意　张展欣画　石广生题　248厘米×129厘米

花，那是我最思念的朋友。当年居家生活，很多亲切有趣的事，就发生在这株梅花树下，她不是一般的自然物，她是我思乡之情的集中寄托之所在。诗人满腹的问题，竟然不知从何处问起。突然鬼使神差般地独独问寒梅，心中日夜惦记着的只有它，可见思念梅之深切。

喧嚣的白昼，随着太阳躲进了地平线，夜幕展开人们思亲的大舞台。夜越静，思亲越切，这是黄升的体悟："万籁寂无声。衾铁稜稜近五更。香断灯昏吟未稳，凄清。只有霜华伴月明。应是夜寒凝。恼得梅花睡不成。我念梅花花念我，关情。起看清冰满玉瓶。"

黄升是一位著名的词人，其词如"晴空冰柱"般晶透。他的冬夜是这样的：夜阑人静，他在苦苦琢磨"香断灯昏吟未稳"，还在推敲不定，始终未寻觅到韵律妥帖、词意工稳之句，搜肠刮肚，呕心沥血，这般苦，旁人哪知呀！从"香断灯昏"，到"吟未稳"，才觉碧空无边，霜华伴月。如此寒冷的夜晚，故交老友——寒梅，她难道不冷么，她睡得香、睡得实么？"我念梅花花念我"，我们彼此牵挂，"从来不需要想起，永远也不会忘记"。这种牵挂是刻骨铭心的。他一想到寒夜中的梅花，就不顾自己的冷暖，披衣而出，结果看到玉瓶中的水已结成了冰，联想到"老友"梅花，她会冻成什么样子呢？

朋友是用来牵挂的，朋友是拿来分享的，分享你的喜悦、快乐，分享你的美酒、佳肴。寒冬腊月，朋友敲开你的家门，定会让你喜出望外。冬天的夜晚，客人来了，主人没有专门去备酒，想必这客人也是常

香梅唤新春　张展欣画　李乾元题　367厘米×144厘米

客、熟客。从另一方面讲，在寒冷的夜晚，有兴致出门的访客，一定不是俗人，他与主人的关系非同一般。只因有着共同的兴趣、共同的语言，才能在寒风彻骨时，宾主围着火炉清谈，在乎的只是情，不在乎有没有酒。谈兴助炉旺，壶中热水沸腾，煮茶，以茶当酒，品着留齿的芳香，温暖牵动万千情思。房屋内外两种世界，屋外寒气逼人，屋内温暖如春。夜深了，明媚的月光移到窗前，窗外寒梅的清香，一阵一阵地侵袭来，主客的话题很投机，他们似乎无意品梅，但孤高傲洁的寒梅你赏与不赏，她都独自在那里绽放。这寻常的窗前月，有了志同道合者的参与分享，在月光下啜茗清谈，又似乎有些不寻常。因为有了梅花的伴随，窗前的明月才别有一番韵味，不仅是嗅觉，而且视觉上也使人大觉不同。梅花是友谊高雅与芬芳的见证者、

寒入
山谷
乱惊
雷
派出
美梅
唤
新

参与者。

"寒夜客来茶当酒，竹炉汤沸火初红。寻常一样窗前月，才有梅花便不同。"杜耒的这个寒夜，有了梅花的疏影横斜、暗香浮动，才风情万种，百世共享。

前面两位是在静夜中思念朋友。而赵子发则在旅途中想起亲朋好友，尤其珍贵："马蹄踏月响空山。梅生烟霭寒。水妃去后泪痕干。天风吹珮兰。初香久，怕

花残。与君聊据鞍。一枝欲寄北人看。如今行路难。"

赵子发写梅花，写别情，以别情衬梅情。这样的画面出现在眼前：骏马扬蹄，踏着皓月，在宁静的山谷驰行。暮色苍茫，云海缥缈，掩映着一株株寒梅，随着马儿前行。两旁的梅花像送别的美人，渐行渐远。马儿呀，你慢些走，让我把这美人看个够。时光那样无情，马儿那么不懂事，

人生就是那么短暂，还没来得及享受时光的美好，就已垂垂暮秋，两鬓霜白。人在旅途，常思同伴，看到那盛开的梅花，欲折一枝寄赠远方的友人，可没有范晔那么幸运，眼下无驿使过来传情呀。

赵子发感叹自己的处境，"如今行路难"。行路难又怎么了，挡不住折梅送友人的高涨热情。

而辛弃疾就不一样了，他在《临江仙·探梅》中这样写道："老去惜花心已懒，爱梅犹绕江村。一枝先破玉溪春。更无花态度，全有雪精神。剩向空山餐秀色，为渠著句清新。竹根流水带溪云。醉中浑不记，归路月黄昏。"

宋淳熙九年(1182)至绍熙三年(1192)，稼轩落职闲居在江西上饶北灵山下的带湖，十易寒暑，人生冷暖，感悟至深，年齿老大，无意去赏别的花，然而唯一不能忘的是梅花。你看玉溪边一枝梅花斜出，从而打破了春色闭锁的局面，透露出春天的消息。这儿的溪水清澈，水流淙淙，有如溅玉之声。溪水的两岸，众花开放，姹紫嫣红，千娇百媚，招蜂引蝶，好不热闹。而梅独立其中，冰清玉洁，骨冷神清，清白淡雅无需争说，透出来的全是雪的精神。

"爱梅犹绕江村"，寻梅直至溪山深处，"绝代有佳人，幽居在空谷"，梅花比秀色佳人更可爱。辛弃疾的眼中之梅、心中之梅，是高尚纯洁的，它不与俗物为伍，它的周围是水云轻拂，幽篁相伴。辛弃疾进入醉卧之境，与梅花晤对，惬意舒心，留连忘返。卧枕竹根，仰观流云，耳畔溪水潺潺，清香徐来，扑鼻沁心，人间是非，一时尽净，乘兴而来，踏月而归，一日清赏，可偿十年尘梦。

在闲居时不忘老友梅花。纵览辛弃疾许多咏梅的诗词，他都把梅花当作旧友、知己，亲密无间，理解她，代她们发声："修竹翠罗寒，迟日江山暮。幽径无人独自芳，此恨知无数。只共梅花语，懒逐游丝去。著意寻春不肯香，香在无寻处。"

细品是不是这样呢？一位佳人幽独、神情专注，青翠修长的竹林，夕阳斜照，江山融在橘黄色的阳光之中，身着轻纱的曼妙佳人，在幽静无人的小路上，寻找春之神。她独自徘徊，香气袭人，而她心头的恨，不知有多深。那个飞絮游丝的春神，我懒得理你，我有我的故交知己——梅花。我同她十分投缘，一见如故。佳人是梅花，梅花是佳人。梅花不谄媚、不趋势，不借春工之力，孤芳高洁，凌寒成艳。我们这些凡夫俗子如果着意，带着私心去追求春之神，则未必能得到春神的恩赐——雨露，如果像梅花那样，无意于寻春，不借春之功，在春天来到之前就绽放自己，春天来到之后，就会放弃灿烂，让芳香驻留乾坤。

辛弃疾敞开自己的心扉，赞叹梅花的特质，其襟怀和魅力，在不经意间从心田里流淌出来，凝炼成千古佳句。

梅花有这样的故交知己而暗香，辛弃疾有梅花相伴而华章溢彩。

在特殊的日子，在人生的困顿之中，人们常倍觉朋友的珍贵。杨亿在《少年

冯子振《早梅》诗意　张展欣画　石锋题　248厘米×129厘米

游·江南节物》中这样写道："江南节物，水昏云淡，飞雪满前村。千寻翠岭，一枝芳艳，迢递寄归人。寿阳妆罢，冰姿玉态，的的写天真。等闲风雨又纷纷。更忍向、笛中闻。"

杨亿在什么地方呢？他在正值严冬的江南。村前漫天飞雪，千寻高高的山岭，梅花冰姿玉态，盛势开放。此情此景倍思亲，折下一枝寄给千里之外的不归人。这个不归人可以说肯定是杨亿的好友和亲人，在他看来，折梅相赠，既体现情义，又具高雅之气度。

风雨无情，使梅花落英缤纷；杨亿有义，一枝芳艳赠归人；亲情无价，看重的是那份情与义。

人生的旅途，不可能天天风和日丽，在官场失意，在情场失恋，渴望有朋友助一臂之力。此时，若有朋友雪中送炭，那

记忆定是久长的。且看秦观《踏莎行·郴州旅舍》："雾失楼台，月迷津渡。桃源望断无寻处。可堪孤馆闭春寒，杜鹃声里斜阳暮。驿寄梅花，鱼传尺素。砌成此恨无重数。郴江幸自绕郴山，为谁流下潇湘去？"

秦观被贬谪至郴州时，住在旅店里。夜幕降临，楼台在茫茫大雾中消失，渡口被朦胧的月色吞没，当年陶渊明笔下的桃花源更是云雾遮障。秦观闭居孤馆，不堪寂寞，可他的思维是活跃的，想象的野马驰骋在江河大地，从"楼台"飞到"津渡"，又降落到"桃源"，这三个地方在现实世界是否真实地存在过？或许这是人们想象中出现过的风景，可如今都消逝了，想到此时凄凉的心境，犹如雪上加霜，前途渺茫之感油然而生。

阵阵悲鸣的杜鹃，西去的夕阳，北归

无望，无限惆怅，那一大堆亲友们的来书和馈赠，增添的只是别恨离愁，"无数"的"梅花"和"尺素"，堆砌成了"无重数"的恨。

恨有多深、多厚，抽象得看不见、摸不着，却用它砌成墙、垒成山，这坚固的实体存在，多么形象。"驿寄梅花，鱼传尺素"，过去他的朋友众多，互传信息，

彼此寄赠，频频不断，才砌得"无重数"的墙呀！

可眼下被困在这里，向眼前的山水痴问："郴江幸自绕郴山，为谁流下潇湘去？"郴江耐不住山城的寂寞，流到远方去了，可自己还得待在这里，得不到自由，反躬自问，慨叹身世。生活的洪流，依着惯性滚滚向前，总是把人带到事先不可预

知的地方。那里有朋友吗？朋友多了路好走，或许秦观问的是这个。

"小梅风韵最妖娆。开处雪初消。南枝欲附春信，长恨陇人遥。　闲记忆，旧江皋。路迢迢。暗香浮动，疏影横斜，几处溪桥。"晏几道不受世俗约束，生性高傲，不慕势利，因而仕途不得意，孤芳自赏，情感真挚，童心未失，其词用语工丽，吐露天成。你看这首词用拟人的手法，把梅花当成小姑娘来看待。梅花开时雪初消，天气虽寒，春信已近，给人们带来美好的希望，折梅寄远人，聊赠一枝春，往事在记忆中始终不曾淡却，离别的时日很久了，离家又非常地遥远，只有那孤傲的梅花相伴、相知，深深的离别情，诉不尽的衷肠。

万朵素梅剪彩霞　张展欣画　李乾元题　367厘米×144厘米

梅花，那是永远的朋友。请健步踏入王观在《江城梅花引》中描摹的世界吧，看他是如何同朋友相交相知的："年年江上见寒梅。暗香来，为谁开？疑是月宫、仙子下瑶台。冷艳一枝春在手，故人远，相思寄与谁？ 怨极恨极嗅香蕊。念此情，家万里。暮霞散绮。楚天碧、片片轻飞。为我多情，特地点征衣。花易飘零人易老，正心碎，那堪塞管吹。"

三、梅花是风骨，风骨是梅花

"风骨"被用来品评人物，始于汉朝末年，于魏晋以后广泛流行，如称刘裕"风骨奇特"、王羲之"风骨清举"、蔡摛"风骨鲠正"等。风骨常指刚正的气概，顽强的风度、气质，指人的品格、性格。梅花挺立在雪中的形象，恰恰与历代社会所推崇的人物要求相吻合，于是，许多诗人借赞梅花的风骨，倡导那种刚正顽强的梅花精神。

元代冯子振在《七绝·西湖梅》里是这样写的："苏老堤边玉一林，六桥风月是知音，任他桃李争欢赏，不为繁华易素心。"冯子振托物言志，将梅花与桃花对比，表达出对梅花淡泊品质的赞美，借以表达自身坚守本心、固守节操的决心。"不为繁华易素心"，面对万丈红尘、声色犬马，保持一颗品质高洁，不追名逐利，而独具慧眼之初心，始终不渝，坚贞不移，造化天助，总有定数，风骨存而百事成。

冯子振《担上梅》诗意　张展欣画　王立夫题　180厘米×97厘米

"定定住天涯，依依向物华。寒梅最堪恨，常作去年花。"李商隐的《忆梅》，意极曲折，却又一意贯穿，如天工铸就般自然。一开始诗人想要表达的并不是梅花。他滞留在异乡梓州（今四川三台），此地离长安1800余里，在当时的交通条件下，也算是"天涯"了。独居异乡，一住数年，孤独之苦，无处诉说。春天的到来，百花争艳，眼前的景色使孤独的心境得到抚慰。面对姹紫嫣红的"物华"，诗人不禁想到了梅花，它先春而开，到百花繁茂时，却又花凋香尽，"爱"到深处陡生"恨"，那是爱得太深切而不能自拔。寒梅最能撩起人们的怨恨，因为老是被当作去年开的花，只因它是冬日开花。独独这个"恨"就特别了，憎恨梅花这种别样的品质。

"恨"到极致，便是爱。

再去看宋代范楷的七绝《咏梅》："开遍南枝又北枝，春风消息不嫌迟。平生自抱冰为骨，莫待趋炎附热时。"笑傲严寒冰为骨，只把春来报，不去趋炎附势，这就是梅的风骨。

我们知道陆游是一位天才咏梅大家，他从不同的侧面、不同的视角去赞美梅花。你看他的七律《落梅》："雪虐风饕愈凛然，花中气节最高坚。过时自合飘零去，耻向东君更乞怜。"

大雪纷飞，狂风怒号，茫茫的大地，只有梅花敢于面对这残暴的世界，傲然独放，风雪的摧残，灭不了它的气势，反而使它更加坚强，"花中气节最高坚"，陆游把梅花同百花做过比较，从内心发出对梅花的赞叹。更可贵的是梅花这种大自然造就的尤物，它无意苦争春，待百花都笑得最灿烂的时候，它不留恋枝头，更不会向东君低下高贵的头颅，乞怜偷生。高歌一曲随风去，自留春意满乾坤。

陆游在与百花的比较中，看到梅花气节的高坚。而王安石对梅花的风骨又是另一种表达："墙角数枝梅，凌寒独自开。遥知不是雪，为有暗香来。"

寒冬季节，万物皆不萌芽，唯独墙角数枝梅花独自绽开笑靥，喜迎春天的到来。只有在这"凌寒"的季节方显示出梅花傲然怒放的性格特征，人们眼睛看到的是梅花的纯净洁白，闻到的是远处飘来的幽香。

墙角，这不受待见的地方，梅花并不在意，它独自生长在那里，以洁净的花、雪白的身段，毫不自卑地远远地散发着清香。王安石崇尚梅花不畏严寒的高洁品性，用雪喻梅的冰清玉洁，又用"暗香"点出梅胜于雪的坚强高洁品格所具有的伟大魅力。生在僻静不起眼的墙角的梅花，冲破严寒静静地开放，远远地向世人送去浓郁的幽香。这是绝世之梅。

王安石这首小诗，十分朴素自然，看不出丝毫雕琢的痕迹。恰恰小中见大，这墙角里的梅花虽然受到冷落，不受待见，却依然独自开放，这种非凡的品质是令人敬佩的。

而唐代崔道融的五律《梅花》，则写的是他在茫茫雪原中看到了梅的标格而倾慕不已："数萼初含雪，孤标画本难。香

冯子振《疏梅》诗意 张展欣画 陈乃奎题 180厘米×97厘米

中别有韵，清极不知寒。横笛和愁听，斜枝倚病看。朝风如解意，容易莫摧残。"

梅花初放，花萼中还含着白雪，梅花美丽孤傲，即使要入画，都担心难画出她的传神本色。花香中别有韵致，清雅得都不知道冬的寒冷。

崔道融仿佛是孤身一人在赏梅，在严冬的世界里格外冷清，"风递幽香出，禽窥素艳来"（齐己句），这梅的清香非同一般，别有一番无以言表的情趣，素雅高洁，淡淡的香气中蕴含着铮铮的气韵。

梅干横斜错落，似忧似病，含愁聆听《梅花落》的笛曲，这样的境况，那凛冽的北风，哪知梅的心意，仿佛变本加厉要考验梅的意志，诗人在向寒风隔空喊话：北风呀，如果你理解我怜梅之意，千万不要轻易来摧残，让它躲开一些时间吧。

崔道融的五律，《全唐诗》仅此一首，却是名篇，而此梅花诗，竟为咏梅绝唱。"孤标画本难""清极不知寒"，尽传梅花风骨。

明代道源的五绝《早梅》对梅花的描摹，看似不经意，细品却清高出世，不媚流俗："万树寒无色，南枝独有花。香闻流水处，影落野人家。"

银装素裹的世界，一片白茫茫，举目万里无颜色，在南边的树枝上独有一些花，枝上没有叶。在小溪旁闻到了一阵清香，循香抬头望去，梅花的倩影映在农家的墙壁上。

道源的早梅极有镜头感，虽是一首小诗，却展现出一个广阔的空间，在万树中独放一枝，溪水欢跳，发出潺潺之声，是

旁白还是天工的配乐？清香随风拂来，吹皱的是那梅花的倩影。这一切展示出来的是梅花傲立雪中的风骨和精神。

"天涯也有江南信。梅破知春近。夜阑风细得香迟。不道晓来开遍、向南枝。　玉台弄粉花应妒。飘到眉心住。平生个里愿杯深。去国十年老尽、少年心。"黄庭坚这首《虞美人·宜州见梅作》是他孤清抑郁人格风貌的真实写照。

在宜州看到梅花开放，知道春天即将来临。夜尽时，迟迟闻不到梅花的香味，而早上起来，却看到在南面的枝条上开满了梅花，无限惊喜。

梅花常遭群花的妒忌，无地可立，只好移到美人的眉心住。诗人同时在写自己，在朝廷受到小人的排挤、毁谤而远谪天涯，虽然胸中激愤满腔，但仍不缺乏信心；虽十年贬谪，宦海沉沦，但仍坚贞不屈，刚正不阿。全词由景入题，婉曲细腻，以情收结，直抒胸臆。

再看元代王旭的《踏莎行·雪中看梅花》："两种风流，一家制作。雪花全似梅花萼。细看不是雪无香，天风吹得香零落。　虽是一般，惟高一着。雪花不似梅花薄。梅花散彩向空山，雪花随意穿帘幕。"

王旭性子直率，坦荡豁达，一开篇就指点江山，直抒胸臆。与众不同的是，他不只是咏雪或咏梅，而是花开两朵，双双俱美，两种尤物。两者都是大自然的杰作，雪花好似梅花的花瓣，但仔细一看，不是梅，因为雪无香气。两者虽然颜色无二致，

冯子振《画红梅》诗意　张展欣画　陈乃奎题　180厘米×97厘米

形状也相似，但是有一个高出一筹，雪花不像梅花那般薄。梅花开在空山，放出异彩，雪花却在人家帘幕下低飞。

雪与梅既同又不同，一家制造，两种风流。梅花的美丽，不仅有形，而且有香。雪花有梅花之形，却输了一段香。在梅与雪的对比中，明知雪花有弱点，但诗人把它寄于险恶的环境，是狂风剥夺了雪花与梅花媲美的资格，替雪花找托词，更看到梅花的风采。梅花是草木的精华、百花的精华、生命的精华。梅花把自己的生命，把生命的全部色彩用来装点草木凋零、万花俱谢的雪山。雪花虽无生命，却依然善解人意，飞舞到人们的身边。

梅雪并举，各展所长。梅与雪刚柔相济，共迎春光。在比较中，更突出梅花以自身的骨气，呼唤着天地间生命的色彩，呼唤着宇宙间美丽的春天，也呼唤着天地间动人的百花的壮举。

接着，我们看宋代赵令畤的《菩萨蛮》一词："春风试手先梅蕊，瓶姿冷艳明沙水。不受众芳知，端须月与期。清香闲自远，先向钗头见。雪后燕瑶池，人间第一枝。"

赵令畤这首词，一起句就奇绝。春风吹绽百花，这种比喻修辞，似乎太常见、太普通。冬去春来，春风自然要开启冰封的万物，可调皮风趣的春风，先在梅枝上操练一下，试试手脚，这一写法，情趣陡然浓烈了许多。春风最先遇到的是梅花，这里暗含着对梅花的赞颂。梅花生长在一尘不染的环境之中，姿容美丽，她的清高孤绝唯有月亮能与之相配。她的花香清雅而幽远，爱美的靓女纷纷把梅花装饰在头上，是因为梅花既香又美。瑶池那是天上人间，高远华美，梅花被邀请去那里赴宴，又荣列人间众芳之首，是荣耀至极呀！梅花何来此殊荣？当然是缘于她自身的气质，她与众不同的仙姿。

郑燮在七绝《山中雪后》，描写了生活中的实景："晨起开门雪满山，雪晴云淡日光寒。檐流未滴梅花冻，一种清孤不等闲。"

武汉东湖梅园（王彬摄）

郑板桥是位书画家，然而他的梅花诗也刊印在咏梅史册之中。他出身贫寒，曾流浪于街头卖画，有时甚至靠乞讨度日，饱尝人间疾苦。生活中遭遇的诸多不幸也给他的心灵留下了严重创伤，在他的书画、诗作中，常常透出对身世的感慨。《山中雪后》所描述的便是他在大雪之后触景生情的一幕：

清晨，郑板桥推开门，外面天寒地冻，银装素裹。刚刚升起的太阳，将阳光软绵绵地铺在雪地上，看不出它那肃杀的威力，或许是天地太寒冷所致。然而，刚毅清孤的梅花却独自挺立在雪中。

托物言志，郑板桥由大雪之后的寒冷，写到自己身处的凄凉之境，看似写景状物，实则触景生情，触动自己的灵魂闸门。

袁枚是个重视生活情趣的人。受金陵灵秀之气熏染，任江宁县县令时，在江宁小仓山下以三百金购得随园，大园四面无墙，每逢佳日，游人如织。他为人、作文坦荡率真，讨厌矫情，极重情义。袁枚一生与梅花结下不解之缘，梅花点缀着他的隐居生活，映衬着他的超俗品格，激发着他的创作灵感。他种梅、伴梅、赏梅、品梅，每当梅花盛开日，也是他心情愉悦时。他写梅花诗，不满足于描摹梅花的外貌特征，更在于抒写自己的真情实感。且看他的这首《梅》："正月东风柳未芽，一庭梅影雪横斜。重他身分缘何事？只为能开冷处花。"

宋代程瑞的五绝《咏梅》是这样写的：

"清浅溪桥水，高低篱外枝。这些风骨异，瘦尽古今诗。"

历代多少人都在咏梅，而程瑞以梅入诗，标格清高，自有不同，搜尽古今的诗词，也找不到写梅写得这样独特的。全篇未见一个"梅"字，却是最有影响力的咏梅诗。

唐代陆希声的七绝《梅花坞》："冻蕊凝香色艳新，小山深坞伴幽人。知君有意凌寒色，羞共千花一样春。"

梅花冰冻的花蕊，凝聚着幽香，花色艳丽清新，她在深山花坞里开放，陪伴着幽居的隐士。我知道梅花君有意凌寒盛发，不屑于同春天的千万种花卉争奇斗艳。这等风骨，怎不叫人为之倾慕！

宋代汪莘的七绝《程朝望送梅花》则如此写道："昨夜灯前把酒杯，鄱阳主簿送春来。只疑天地无清气，都在江头一树梅。"

汪莘隐居黄山，研究《周易》，南宋嘉定年间，曾三次上书朝廷，陈述天变、人事、民穷、史污等弊病以及行师布阵的方法。朝廷没有理会，抱负空落，晚年筑室柳溪，有三百多首诗传世。

大多数人在历史的天空中一闪而过，没有留下任何痕迹，可有的人虽一闪而过，留下的却是一道彩虹，七彩光芒永远在那儿绽放。宋代的王淇就是这样，他流传下来的只有两首诗，但两首都是名篇佳作。其中一首是咏梅的："不受尘埃半点侵，竹篱茅舍自甘心。只因误识林和靖，惹得诗人说到今。"

梅花不受尘俗一丝一毫的侵染，虽然

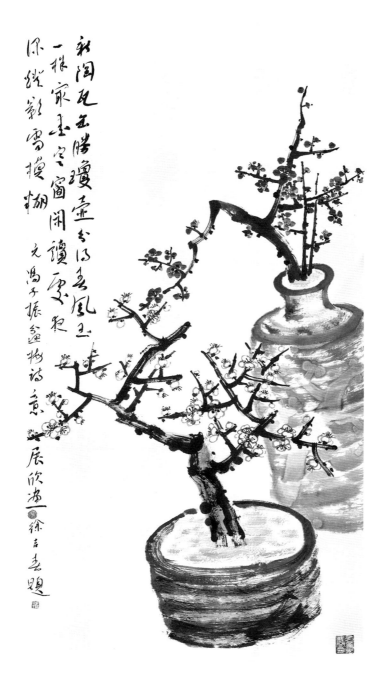

冯子振《盆梅》诗意 张展欣画 徐吉春题 180厘米×97厘米

生长在竹篱茅舍旁，不受待见，但自己心甘情愿；虽环境简陋，但那颗淡泊名利、与世无争的心不改。按梅花的本性，是不事张扬、淡泊自守的，只因为那位林逋的喜爱，才身不由己地成了诗人们歌咏的话题，一直被人们热议到今天，这是有违梅花初衷的。所以梅花才自责地说，认识林逋是个"错误"。

在王淇的世界里，梅花无须言表，她内在的气质全然袒露在冰雪天地里。

四、梅花是早春，早春是梅花

当冰河发出崩裂的声响时，融解的寒雪散发出浓重的水汽。严寒尚未退去，梅花在未出叶时就抢先绽放，它是春的信使，"玉洁生英，冰清孕秀，一枝天地春早"。可神采飞扬的春天，用它和煦温暖的微风唤醒大地，正在大地冬眠的百草，伸腰蹬腿破土而出。春风拂过树枝，枝头以嫩芽相报，摇响绿色的铃铛。春风拂过河面，河水从冰凌的压缝

冯子振《山中梅》诗意　张展欣画　宋名道题　367厘米×144厘米

里探出头来，呼唤江流的高潮。在这样的时分，人们看到的总是梅的背影。

"兔园标物序，惊时最是梅。衔霜当路发，映雪拟寒开。枝横却月观，花绕凌风台。朝洒长门泣，夕驻临邛杯。应知早飘落，故逐上春来。"何逊的这首《咏早梅》诗说的是帝王宫苑里的梅花在万物萌发之前就开放了。在冰霜严寒的环境中，梅花向雪而开，梅花何曾不知道，早开的花儿会早落，可她依旧很"自我"，赶在春来之前开放。何逊的诗揭示了梅花三大特性：早、与风雪为伴、耐寒。此后这便成了许多咏梅诗切入的视角、立意的基础。在同代许多咏梅诗作中，独何逊鹤立鸡群，高出一筹，后来他得到杜甫的推崇。

是的，不惧霜雪，不畏风寒，更不怕早发早落，这是梅花的本性使然，它不可能更改。

"梅岭花初发，天山雪未开。雪处疑花满，花边似雪回。因风入舞袖，杂粉向妆台。匈奴几万里，春至不知来。"卢照邻是初唐诗人，他在这首诗里也是写早春，可他切入的视角，是南北对照。梅岭的梅花刚刚绽开的时候，遥远的天山仍然处于严寒之中，仿佛眼前的花似雪，举目北望，天山那边的雪则似花。他置身在大地的梅与雪交换的时空错觉之中，下雪的地方看上去似乎开满了白白的梅花，白梅花朵的边上则像是落了一层晶莹剔透的白雪。风儿吹拂着片片梅花飞入舞女的广袖中，又混染着脂粉飘向女儿家的妆台。广袤荒凉的匈奴之地，被笼罩在茫茫的白雪之中，春天到了也不知归来。

卢照邻的早春世界，梅与雪是融为一体的。正是这一奇异的混淆，为我们描摹了一幅广袤无垠的、美丽的、奇妙的早春画卷。

唐代令狐楚的七绝《游春词》写道："高楼晓见一花开，便觉春光四面来。暖日晴云知次第，东风不用更相催。"

这说的是春花笑开春无限，暖意融融醉心扉，一幅春意盎然的早春图。诗人晨起登高楼，见一花开放，顿觉春意从四面扑来，仰看暖日晴云，感觉东风和煦。虽是早春，却春意浓浓，晴朗的天空偶尔飘过几朵云彩。无须人工干预，大自然的一切都是有秩序的。东风呀，你也别太心急，无须你去催，季节轮回的力量是不可抗拒的。"晓见一花开"便打开了春天的大门，大自然充满生机，春光无限美好。

"一树寒梅白玉条，迥临村路傍溪桥。不知近水花先发，疑是经冬雪未销。"唐代张谓的这首《早梅》和其他的咏梅诗不同，着重写"早"字，咏赞早梅的高洁。

有一树梅花，凌寒早开，枝条洁白如玉条，它远离人来人往的村路，临近溪水桥边。人们不知靠近溪水的寒梅提早开放，以为那是经冬而未消融的白雪。

一首绝句，仅二十八个字，就能将梅花写得如此之美，令人倾慕，并将梅的颜色（洁白），生长的地点（偏僻），绽放的季节（早春），特质（耐寒），姿态（俏丽）等特征一一列出，传神地塑造出早梅的品格和气质，让人生发出美不胜收的感觉。梅花形色似玉如雪，亦真亦幻，意境高古，早梅的形象特质尽在其中。

"闻道春还未相识，走傍寒梅访消息。昨夜东风入武阳，陌头杨柳黄金色。碧水浩浩云茫茫，美人不来空断肠。预拂青山一片石，与君连日醉壶觞。"

李白向来写诗不落俗套，你看他的这首《早春寄王汉阳》，写早春，写得畅快、活泼自然：听说春天回来了，其实，寒凝大地的时候，春天的气息才刚刚萌动，哪里能亲眼见到它呢？既然闻春未见春，那就去寻春、问春，他急不可耐地走出房舍，到梅树下去探究春天是否归来的气息；人们常说一夜暖风就染绿了柳梢头，久盼不

冯子振《岭梅》诗意 局部

冯子振《岭梅》诗意　张展欣画　邹敏德题　248厘米×129厘米

归的春天，一夜之间就悄悄地来了，柳梢最先报道春机，吐出嫩嫩的鸭黄色叶芽，从远处望去，便是一种朦胧悦目的灿然金色。言早春之色，不用"嫩绿""新绿"，而用"黄金色"，完全是细心观察，融进自己喜悦之情所得。

春天已归，美人未至，辜负了一片暖融融的春光。称友人为"美人"，可见思念之切。诗人已经将山中一片石头拂拭干净，静候友人来此畅饮一番。

从盼春、迎春到赏春，李白带给我们的是不一样的早春景象。

"早梅发高树，迥映楚天碧。朔吹飘夜香，繁霜滋晓白。欲为万里赠，杳杳山水隔。寒英坐销落，何用慰远客？"柳宗元的《早梅》，以简朴疏淡的文辞刻画早梅傲立风霜、昂首开放的形象。起句不凡，直写梅花，醒人耳目，极富神韵：早梅，生机盎然，昂首怒放；高远碧透的天空，

映衬着梅花，更突出梅的雅洁、不同凡俗。尽管北风吹打，严霜相逼，梅花却仍然在寒风中散发着缕缕芬芳，在浓雾中增添着洁白的光泽。当柳宗元看到早梅绽放的时候，不禁怀念起远方的友人来，往事如潮，涌上心头，他极想折一枝寒梅，赠予友人，用此来表达慰勉的情意。可转念一想，千里迢迢，山水阻隔，无法如愿。时日过久，梅花也会枯萎凋谢，那又拿什么来慰问远方的亲朋呢？

体物填词，借事明情，柳宗元以早梅迎春战寒、昂首开放的英姿，表现自己孤傲高洁的品格和无私正直的胸怀。

宋代李弥逊写早梅，写得豪放。你看他的《十样花》："陌上风光浓处。第一寒梅先吐。待得春来也，香销减，态凝伫。百花休谩妒。"

严冬腊月，乡间的小路上，一株梅花正欲开放。梅是报春的天使，她的降临，

为人间带来春的喜讯。然而梅的本性没有变，当大地回春、百花竞艳时，梅花却香消态凝，端庄地立在天地间。她都这样了，百花还妒忌，那又何必呢？

同样是写早春之梅，李弥逊写得明快，像春天的阳光一样明媚敞亮。

"疏枝横玉瘦，小萼点珠光。一朵忽先变，百花皆后香。欲传春消息，不怕雪埋藏。玉笛休三弄，东君正主张。"同样去赏梅，一百个人有一百个视角，就是站在同一个地点，欣赏同一片梅林，各人的人生阅历、感悟不尽相同，所以他们笔下的梅花也是各不相同的。陈亮是南宋的思想家，又是文学家，他眼中的梅、笔下的梅，别有一番韵致：冬天的余威尚在大地上逞能，稀疏的梅枝上挂满晶莹剔透的冰霜，枝条上的花骨朵儿裹着雪花，在阳光的斜照下，泛着珠光；早春的世界是神奇

的，忽然有一朵梅花最先展开笑靥，吐出那娇滴滴的花瓣；梅花不怕挫折打击，敢为天下先，首先传递着春的信息，它引领百花竞相出艳，而厚厚的积雪，也阻拦不了春天的脚步；反复吹奏那令人伤感的《梅花三弄》，何不让主宰春天的东君神自己做主，留住春天，更不能让开在早春的几枝梅因一支悲伤的古曲而过早地凋谢。

陈亮赞颂梅花敢为天下先的品质，既是咏梅，也是在咏自己。

"雪里已知春信至，寒梅点缀琼枝腻。香脸半开娇旖旎，当庭际、玉人浴出新妆洗。 造化可能偏有意，故教明月玲珑地。共赏金尊沉绿蚁，莫辞醉、此花不与群花比。"

查阅李清照年谱，发现她写这首词时正当芳龄十八。这首格调明朗清新的《渔家傲》以比喻、拟人、想象等多种

冯子振《谱梅》诗意　张展欣画　刘金凯题　248厘米×129厘米

手法刻画梅花的形象美和神态美，以荣尚典雅、清丽白描之态，开启李词"别是一家之说"的新天地，让后人只能仰慕而无法企及。

每当人们提起李清照，立刻就浮现出这样的画面：一个淡淡的有些轻愁的嫣然女子，一个才华横溢惊醒古今文坛的旷世奇才。总有一轮明月、一叶孤舟，衬着一个孤零零的倩影，随着历史的长河在漂流，停靠在早春二月的岸边。圣洁清纯的雪，仿佛知道它存世的最后期限，一树报春的红梅点醒这白雪皑皑的世界，那香气馥郁的面庞，欲露还掩，柔美娇丽；着一身新装，洗尽铅华，玉洁冰清。如此清新娇媚，宛如刚刚出浴的二八佳人，从冰天雪地里迈着轻盈的步子走来。

造化可能偏有意，梅花偏宜月下赏，天地对梅花情有独钟，特意让今晚的月色格外明亮，将傲霜吐蕊的梅花暗香浮动、冰清玉洁的秉性气质展现无遗。

面对这美好的月夜清景，别的什么花都无法比拟超凡脱俗、清丽如斯的梅花。李清照的早春令人陶醉，看那银装素裹的冰雪大地，皎洁朦胧的月光，映照着那透着淡绿的酒樽，横袭的暗香。还有那如冰如玉、如霞如光的妙龄少女，如梦如幻的世界，古往今来，多少人醉倒在这春色之中。

"百花头上开，冰雪寒中见。霜月定相知，先识春风面。　主人情意深，不管江妃怨。折我最繁枝，还许冰壶荐。"

你看辛弃疾的《生查子·重叶梅》，他从心底里赞赏，梅花啊，你在百花开放之前绽放，在寒冷中出现，从容自如。这在早春开放的重叶梅，与寒霜冷月相知，先百花而报春。喜爱梅的主人对重叶梅一往情深，从没动摇过，把最俊俏的一枝折下来，插在冰壶里供自己和友人欣赏："无花能伯仲，得雪愈精神。"

辛弃疾看到在寒风中盛开的重叶梅，他赞叹重叶梅不畏严寒的精神，不怕雪虐风威的高尚品格。同样是早春，他以"先识春风面"来倾吐衷肠。

"园林尽摇落，冰雪独相宜。预报春消息，花中第一枝。"王十朋是南宋著名政治家和诗人，为人刚直不阿，批评朝政，直言不讳，以名节闻名于世。他的诗语言就是那么简洁通俗：梅花预报春的消息，她是花中独一无二的一枝秀色，唤醒了凡尘中的春意、人们心中的春天。

"荒寒茅屋是谁家，独木桥横小径斜。却是无人行到处，春风先已到梅花。"杨公远的这首七绝《访梅》写的是：天寒地冻的荒野中，有一间不起眼的小茅屋，只有一座独木桥与外界相通。在这荒无人烟、寂寥孤独的地方，春风却最先光顾这里的一株梅树，驻扎枝头，啄开花儿，引领着早春。梅花的出现点醒这绝妙的风景。

再看宋代的卢梅坡，他在七绝《雪梅》中是这样写梅的："梅雪争春未肯降，骚人阁笔费评章。梅须逊雪三分白，雪却输梅一段香。"

万里春　张展欣画并题　248厘米×129厘米

卢梅坡这首《雪梅》写得绝，别出心裁地把梅与雪置于天地这一赛场上，梅花和雪花都认为各自占尽了春色，谁也不服输。这可难坏了诗人，难写评判文章，只好停下笔思索。怎么评呢？就洁白度而言，梅花比雪要逊色一些，但雪却没有梅的香味。"三分"是说差距不大，"一段"是将香气具象化，仿佛可以测量。卢老夫子是第一个这么写梅花的诗人，所以这首《雪梅》独傲群芳，展现的是梅雪共舞、春意盎然的绝佳画面。

"玉箫吹彻北楼寒，野月峥嵘动万山。一夜霜清不成梦，起来春信满人间。"

说起宋代的黄铢，他从小聪颖过人，连朱熹都非常佩服，其在文章和诗歌方面很有造诣。这首七绝《梅花》也是他最有影响的诗作：夜半悠扬的箫声，一阵一阵地传过来，响彻北楼，寒气逼人。明亮的月光下，山河峥嵘壮丽，但残酷的现实和世态的炎凉是对生命境况最为严酷的挑战，而梅花在这样的环境里坚守本贞，得到"春信"，即绽放笑靥，将温情洒向乾坤。

北宋诗人冯山，也写梅，他写山路两旁之梅："传闻山下数株梅，不免车帷暂一开。试向林梢亲手折，早知春意逼人来。何妨归路参差见，更遣东风次第吹。莫作寻常花蕊看，江南音信隔年回。"

这首诗写道：在行进途中，有人传告山下有冬梅数株正开放，这一下子引发了冯山赏梅的兴致，他随即停车，掀开车帷前去观赏。到梅林中，亲手折下梅花已在梢头开放的枝条握在掌心，更觉春意逼人。倘若在归途中时不时能见到梅花，那是多么幸福啊！从探梅到初见梅，到林中折枝赏梅，再到折梅后念梅，一步一步逸兴横生，情感愈来愈浓烈。"更遣东风次第吹"，清香洒满归途。如此高洁的梅花，不要把她当作寻常的花蕊看待，她一年一度，岁岁年年，把春的消息带回人间，带回江南。开在山路旁的梅，无人赏识，却还是给别人带来温暖和慰藉，"等闲报得江南信，岭上先开一树梅"。

古人本有折梅寄远的习俗，作者虽然未逢驿使，欲寄无由，但此时见梅又折梅，寄托了无限的深情。全诗几乎没有直接写梅花，但通过描写诗人的一举一动，喜爱梅花之情溢满全诗。

五、梅花是佳人，佳人是梅花

一颗孤独的心，在月色朦胧、微风渐止、夕露渐消的时候，总是自觉或不自觉地想起，藏在心底的那个"人"。她或许就是那一株冷艳的梅，铮铮傲骨，不落凡尘。岁月轮回，一切的过往都会在时光隧道中消散，唯一不变的，是那颗坚强炽热的心，不分昼夜，始终在默默守望着花开，期盼着雪舞，寒梅有心，皓月无情，痴心人历经千辛万苦，不知疲倦地跋山涉水，只为寻找那个"你"。记忆中，那唯美的倩影，如花开，如月升，如柳动，如风拂，摄人魂魄，身心不知不觉荡入那一湾微波。历代多少文人骚客都在梅花下，期许与佳人相约，共赴人生之途。正因为如此向往，才留下众多佳作名篇，让后人拜读、景仰。

宋代诗人吴颐在《次邦宪宣德红梅诗韵》中将梅花写成一个不食人间烟火的高洁女子："玉骨冰肌冷照人，匀红轻涅绛罗巾。……寄声闭户英夫子，体取居尘不染尘。" 更有南宋诗人张道洽在《对梅》诗中，将梅花比喻为患难与共的爱人："秋水涓涓隔美人，江东日暮几重云。孤灯竹屋霜清夜，梦到梅花即见君。"

梅花自古就有"霜雪美人"的隐喻意义，诗人就将梅花比拟为霜美人、雪美人、冷美人。这是由于梅花本身具有美人姿态，有清冷淡雅之美。

"家住寒溪曲，梅先杂暖春。学妆如小女，聚笑发丹唇。"梅尧臣这位北宋现实主义诗人，有3000多篇诗文传世，这首《红梅》千百年来也令人钦服。诗中，这位霜美人生长在寒溪边，屈曲委细，疏影横斜，她像那妙龄的少女，刚刚学习化妆，初点丹唇，若红霞般灿烂。这样一位冷美人是多么可爱。梅尧臣自承古风，高风亮节，令人敬仰。他在这里既写梅花，也写自己。

再看看北宋的晁端友吧，这位工于诗词的济州巨野人士，培养出一个好儿子——晁补之，父子两人都在文学史上留名，实属难得。他的《梅花》一诗如下："皎皎仙姿脉脉情，绛罗仙萼裹瑶英。色侔姑射无双白，香比酴醾一倍清。腊后春前芳信密，水边林下晓妆明。故应不属东君管，冷艳孤芳取次成。"

在晁端友的视界里，梅花是一个冰肌雪肤、玉骨霜心的仙女，这位仙女长得怎么美不说，你看她肌肤若冰雪，天下再无第二个，天生丽质，洁雅脱俗，她的体香最持久、最深厚、最独特，如酴醾般清香雅致。这位美人常在腊月后开春前这段时间频频光顾。她这样孤艳冷傲的美人，虽不与百花比美，但她却一枝独秀，如此高洁，又如此清秀，怎不令人艳羡。

又如宋代何应龙的这首《见梅》："云绕前冈水绕村，忽惊空谷有佳人。天寒日暮吹香去，尽是冰霜不是春。"

诗人行走在云水环绕的山村，忽然惊奇地发现一群美人集合在这里。诗人在空旷寂寥的天地里发现梅花，意外而惊喜，这群"美人"是从天而降的吗？冬日寒暮，晚风拂来，暗香随去，满眼尽是冰雪世界，哪有春的影子，只有美人立在那里。

梅，在中国文化中是个君子形象，咏梅之作大都赞赏其傲霜斗雪、自强不息的风姿。何应龙此诗也是这样，写尽环境的艰苦，反衬梅花的品质，但以"佳人"喻梅花，则是他的过人之处。天寒日暮，寒风吹去了芳香，到处都是冰霜，无处寻春。佳人呀，你生不逢时，现在尽是冰雪，不是春景，你来这里做什么呢？

但那位佳人，不需要同情，她依然故我，不畏严寒和北风。坠降在空谷，是她自选的生存环境，无怨无悔。其意志之坚，无可摧灭。

"云里溪头已占春，小园又试晚妆新。放翁老去风情在，恼得梅花醉似人。"在

傲霜香雪　张展欣画　李乾元题　367厘米×144厘米

这首《红梅》里，陆游写他对梅花的痴恋，他写尽梅花的千姿百态，写尽梅花的各种境况。在云雾迷漫的溪头，大地已经露出几分春色，又是一个轮回，春在小园内已展示新妆，岁月这把刀在放翁的年轮里又增刻了一道新痕。梅花坚强、刚正、高洁的品质又一次经历洗礼，风姿卓然依旧。再看他的七律《东园观梅》："出世仙姝下草堂，高标肯学汉宫妆。数苞冷蕊愁浑破，一寸残枝梦亦香。问讯不嫌泥溅屦，端相每到月侵廊。高楼吹角成何事，只替诗人说断肠。"

纵观陆游的一生，喜爱梅花是由衷的，岁月凝成的化不开的梅花情结，全都在他的诗词里。在梅花未开之际，他有探梅、寻梅之作；在梅花争奇斗艳之时，他有观梅、赏梅之思。不论在园中还是郊野，只要有梅花，便有放翁的身

影在；只要有梅花，便有放翁的诗词在那儿回荡。

到东园观梅，放翁感慨良多。仙女一样的梅花让他化解了忧愁。梅花出身不凡，品格高尚，虽落脚"草堂"，依然冰清素雅。在短短的枝条上，聚集了满满的清气，甚至在梦里都能闻到香气。他走到梅树下去细看，出神入化，走火如魔，哪顾得上木屐沾满了泥土。时光在清香中飘去，月光又泻进走廊，放翁被东园的梅花深深吸引，不愿离开。遗憾的是，最讨厌的高楼吹角声，又一次打断了诗人的惊喜，回到悲伤的原地。放翁观梅，心潮起伏，从破愁到听到吹角声而断肠，从喜悦到忧虑，其情感世界的变化是跌宕往复、五味杂陈的。但无论怎样风翻云涌，他对仙女一样的梅花是忠贞的、炽爱的。

又看苏轼的《西江月·梅花》："玉

骨那愁瘴雾，冰姿自有仙风。海仙时遣探芳丛。倒挂绿毛么凤。　　素面翻嫌粉涴，洗妆不褪唇红。高情已逐晓云空。不与梨花同梦。"

冰姿玉骨，世外佳人。这梅花生长在瘴疠之乡，却不怕瘴气的侵扰，缘于她冰雪般的肌体、神仙般的风致。如此这般，海仙羡慕，常遣使者么凤来花丛探望。岭南梅花天然洁白的容貌，不屑于以铅粉来妆饰，若施粉黛，却掩盖了天然风流。岭南梅花很独特，花叶四周皆红，就算雨雪洗去妆色，也不会褪去那朱唇一样的红色。高尚的情操已经追随晓云和天空，就不会想到与梨花有同一种梦想。

苏老夫子这首词是写给侍妾朝云的，既以人拟花，又以花拟人，无论写人还是写花，都妙得神韵。

辛弃疾是一位叱咤风云的军事家、业绩卓著的执政者和创作丰厚的词作家。如此奇才，百世少有，可是一直未得到重用，却常遭嫉妒，言未脱口祸即旋踵而至。年仅42岁就被免官退居上饶。一腔幽愤，不时从词中喷发出来，眼中流泪，心在滴血。他的咏梅词多用比拟手法，在赞梅和品梅之中，含蓄婉转地寄托自己的身世之感。

且看他的这首词："病绕梅花酒不空。齿牙牢在莫欺翁。恨无飞雪青松畔，却放疏花翠叶中。　　冰作骨，玉为容。当年

冯子振《古梅》诗意　张展欣画　周玉书题　348厘米×129厘米

宫额鬓云松。直须烂醉烧银烛，横笛难堪一再风。"

词人作此词时，适逢牙病，但仍不顾病痛，绕着梅树观赏，"冰作骨，玉为容，当年宫额鬓云松"。词中说道，梅花这位美仙非人间凡胎，天神造就时是拿玉搭的骨架，美玉凝成的肌肤，宫额上密而厚的秀发，美得不可言状。他借美女之姿，写梅之形神，突出梅花冰清玉洁的高雅品格。词人对梅花的喜爱与赞美之情溢于言表。同样是以拟人的手法写佳人，辛弃疾那份情感喷薄而出，其笔下的梅花既婀娜多姿，又端庄大方，令人击掌称快。

"洗妆真态，不作铅花御。竹外一枝斜，想佳人、天寒日暮。黄昏院落，无处著清香，风细细，雪垂垂，何况江头路。　月边疏影，梦到消魂处。结子欲黄时，又须作、廉纤细雨。孤芳一世，供断有情愁，消瘦损，东阳也，试问花知否？"宋代曹组的这首《蓦山溪·梅》，写的就是一位佳人，洗去铅粉，天生丽质，无须修饰，她往修竹旁边一立，倩影婀娜。在天寒日暮时分，顾盼流连，孤芳自赏。在这样的院落里，清清的幽香有何人能懂？在村外江边的路上，寒风吹过，飞雪茫茫，景致难以言状。

梅影稀疏，凄清无比，如同美人飘进那销魂招魄的梦境一般。花落生成梅子，将要成熟时又遇上连绵不绝的细雨。尽管

风雪和暴雨不停地来摧残，可梅花依然孤傲地绽放着花朵，让人无限敬佩。正如李攀龙在《草堂诗余集》中说的："白玉为骨冰为魂，耿耿独与参黄昏。其国色天香，方之佳人，幽趣如何？"

答曰：清俊脱尘。

"楼角初销一缕霞，淡黄杨柳暗栖鸦。玉人和月摘梅花。　　笑捻粉香归洞户，更垂帘幕护窗纱。东风寒似夜来些。"北宋词人贺铸的这首《减字浣溪沙》一词中，首先出现的是一座佳人居住的红楼，残阳初斜，楼角镕金，灿然一片，夕阳西坠，楼角变得暗淡朦胧，全都拢缩在夜幕笼罩之中。细看那与红楼相映的数株杨柳爆出嫩黄的叶子，归林的乌鸦悄悄地站在枝头，夜如此幽静。

一位如玉般清纯的年轻姑娘，披着银白似水的月光，踏着轻盈的步伐，仙女似的来采撷梅花，这月、花、人三美相映的画面，意境灵动，洁雅幽静，令人拍案叫绝。

再看画面中的色彩：红楼、金霞、淡黄的杨柳、黑色的乌鸦、银白的月光、嫣红的梅花，好一幅巧夺天工的绚丽图画。佳人置身于这样的环境，犹如生活在仙境。

佳人采罢梅花，带着喜悦和微笑，手指轻轻拈着花，回到内室，又把帘幕垂挂下来，于自在的小天地里，独自地欣赏着。

全篇写景颂人，歌颂那位高洁美丽的

《云霞出海曙》　张展欣画　李乾元题　144厘米×367厘米

少女，超凡脱俗，一尘不染，独来独往，不受任何羁绊。

这是梅花，也是那个她。

"雪似梅花，梅花似雪。似和不似都奇绝。恼人风味阿谁知？请君问取南楼月。记得去年，探梅时节。老来旧事无人说。为谁醉倒为谁醒？到今犹恨轻离别。"宋代吕本中的《踏莎行·雪似梅花》，见雪兴怀，睹梅生情，梅与雪交相辉映。梅花和雪花形相似，色相近，而质相异，神相别，朦胧的月色之中，雪白梅洁，暗香浮动，一种奇妙的境界。

月下景奇，本应赏心悦目，为何"恼人"？触景添愁，去年梅花花开的时候，曾同佳人共赏梅，南楼之月可作证，而今佳人离别，风尚依旧，物是人非，时光流逝，我们都老了，我醉了又醒，醒了又醉，却是为谁？直到现在，我还在悔恨，当初那样轻易地离开了你，惆怅依依。

"冰骨清寒瘦一枝，玉人初上木兰时。懒妆斜立澹春姿。　月落溪穷清影在，日长春去画帘垂。五湖水色掩西施。"宋代吴文英的这首《浣溪沙·题李中离舟中梅屏》，赞美屏中的梅枝活似佳人，天生丽质，占尽春色，不愧享有"东风第一枝"的美称。

词中写道，月儿虽然已沉没在小溪的尽头，梅枝的倩影却长久地留存在溪畔。风来雨转，岁月轮回，春天也会走远的。然而绘有"东风第一枝"的梅屏，却长久地留在舟中。小舟载着梅屏，在千顷太湖水色的掩映下，如西子畅游五湖，更显婀娜多姿。

吴文英始终紧扣"舟中梅屏"，拟人状物，反复咏叹，赞美梅的品格，形神兼备，带你去感受屏中梅花玉骨冰清、傲霜斗寒的气质。如此咏梅也是别出新意。

"莫把琼花比澹妆，谁似白霓裳。别样清幽，自然标格，莫近东墙。　冰肌玉骨天分付，兼付与凄凉。可怜遥夜，冷烟和月，疏影横窗。"

纳兰性德的《眼儿媚·咏梅》，讲述了这样一个故事：表妹雪梅寄住在纳兰性德家，纳兰性德对表妹关怀备至，时常想起她的一颦一笑。一日，日上三竿还不见表妹进书房，看不见就想见，这是情思在萌动。他悄悄地去看望表妹，表妹还在早起梳妆，奔腾的情感激起，撞出创作的灵感火花，点燃诗词的烈焰。

词中写道，不要把雪花当作梅的淡雅妆饰，梅花自身就有着白色霓裳。雪花是天外之花，没有根芽，虽轻灵脱俗却没有梅的一缕清香。可以这样说，纯洁幽香，超凡脱俗，只有梅才配。在雪花飞舞的寒冬，百花凋零，草木萧萧，只有梅灿烂微笑，向旷野散发清香。梅花虽不是什么名贵之花，但它却是严寒时节万物萧条中的一抹烟霞，美得淡雅，美得凄绝。宁可抱香枝上老，也不随黄叶逐西风，梅的冰清玉洁，让人心生敬仰。

同样，纳兰这首词通篇没写一个"梅"字，却无处不见梅的精神，通篇没写一个

武汉东湖梅园（图片由江润清提供）

"人"字，却无处不见人的影子。写尽梅骨、梅神、梅魂的绝世芳姿。

纳兰爱表妹，弱水三千，只取一瓢。这枝梅在纳兰心中独一无二，别的无法取代。纳兰借梅花来写人是真意，冰肌玉骨是写人，别样清幽也是写人。面对梅的"冷烟和月，疏影横窗"，睹物思人，嗅着梅的清香，寂然度过长夜。

第五章 ❀ 画中之梅

（北宋）赵佶 《梅花绣眠图》

梅花作为绘画的一种题材，在整个中国花鸟画史中具有非常特殊的典型意义。这种意义来自国人的审美取向和追求。

首先，梅花的诸多自然属性被历代文人认知、接纳、欣赏，并提炼升华，塑造出社会期许的人格化的形象。许多高士、隐者、文人、书画家从梅花身上看到了自己，找到了寄托本体精神的天然载体和印镜。诸如无人花自香、凄清独孤寒、清气满乾坤、疏影暗香等意趣，浓缩成梅花精神，或者说是人品格物的标准版。

同时，梅花作为花鸟画科中常见的木本花卉，为描摹其枝干花朵的形态特征与组合规律，千百年来，历代画家各显神通，浓缩凝练生命的智慧，创造出与中国画的笔墨相适应的独特的绘画语言，构建出来自梅花家族的形式和法则，砥砺前行，虔诚攀登，不断为高雅的艺术殿堂添砖加瓦。

举目眺望，浩浩荡荡的人群，拥挤在同一条道上，朝着一个方向，在寻觅同一样东西，那就是中国画笔墨的呈现和作画的程式。而这种程式一方面给后来者提供了便捷和经验借鉴，另一方面又禁锢了后来者的创造性思维。于是乎，这种传承与突破、变革与创造便成为绘画史中的主调。在对梅花这一题材的选择和表现上，始终映照出那个时代国人审美的取舍和价值特质。

据史料记载，梅花入画始于魏晋南北朝时期，风雨雷电，时光洗涤，那时绘画的实物载体，大都消失在时光的长河之中。

汉唐盛世，国度诗兴，"疏影横斜水清浅，暗香浮动月黄昏"，咏梅诗篇如蜡梅入冬，不断地在人间绽放。伴随着咏梅诗潮的汹涌澎湃，书画家们也兴波逐浪，将这"无声的诗"乘风扬帆，横舟出海，荡漾于华夏文明的洪波之中。

立潮头者，当数北宋那个老画僧仲仁。他以清淡的水墨，晕染梅花，尽展梅花古峭奇崛的风姿。南宋那个扬无咎见后，跪拜不起，接过老僧的衣钵，自酿佳果，进而创造出勾瓣点蕊的圈花法，从而增益梅花清俊冷逸的韵致。后继者百人拥戴，蔚成墨梅一大流派。横视宋代画坛，画梅者大都构图空旷，疏枝浅蕊，仿佛这是时风。

当成吉思汗的马蹄踏遍中原时，天朝易帜，岁月依旧，寒梅照开，文人墨客们更加崇尚梅花精神，画梅者众，故名家辈出，王冕以其繁花密枝的新形式彪炳画坛，长荫后世。

花开花落，南枝春早。当吕纪、陈录在密林中穿行之时，陈洪绶以清丽简约之笔，开创一片新天地。

当蓝天白云的颜色成为社会和公众必选时，扬州走出了"八怪"，金农把梅花的形式美和诗情美推到了极致。

踏着梅花的清香健步来到近现代艺术区，最引人注目的当然是吴昌硕，他把篆书的笔法带入画中，增强绘画时"写"的份额。近百年来，如果说对梅花绘画史有卓越贡献者，非岭南关山月莫属。他的梅花完全摆脱原生形态的羁绊，尽

银泉映松梅 辛丑 辰欣年

写梅花之神韵，把写意梅花写到前无古人的艺术高度。他不入梅花史，史册会失色许多。

冬天的大地是寒冷的、寂寞的。梅，这种木本花卉神一般地出现，敞开胸怀，给冬以温暖和阳光；用素雅的清香，默默地沁袭冬的心房；以不屈的身姿，傲然挺立在辽阔的雪域苍穹，给冬以坚强。她用那一抹娇媚的红霞，映照出早春的黎明，给冬以新生和力量。宇宙能量的潜移，熏香灵魂的震撼。越时空，度荒野，游梅林，赴砚田，蹲案头，闻清香，赏翰墨，瞧画史上绘梅者们的笔下功夫、雪里精神。

循着那一丝翰墨清香，第一站我们来到大宋的皇家园林，在一处田间的尽头见到了自幼爱好笔墨丹青的赵佶，此刻他正在一亭台旁赏花观草。他从容淡定，脚步停在一株老梅前，注目良久，又移步远处，观其大势，看得出他非常地专注。

银泉映松梅　张展欣画并题　367厘米×144厘米

《北狩行录》云，徽宗"天资好学，经传无不究览，尤精于班史，下笔洒洒，有西汉之风"。《画鉴》亦云："徽宗性嗜画，做花鸟、山石、人物，入妙品；做墨花、墨石，间有入神品者。历史帝王画者，至徽宗可谓尽意。"

在艺术上我们看到赵佶倡导形神并举，始创工笔画，其山水、人物、花鸟无所不能。他虽坐帝位却生性柔弱，虽是江山大汉，却有一双妇人之手。他观察事物心细入微，作画则以精细逼真而著称。他用笔挺秀灵活，舒展自如。有实物为证。你看他的《梅花绣眼图》，三枝长短不一的瘦梅从左边伸入画面，一根大枝曲折向上，一只绣眼用爪有力地握住梅枝，目视远方。绣眼是著名的观赏鸟，眼周有白环，常集成小群，飞止于竹林、树丛间，食昆虫与果实。性柔驯，鸣声婉转。画作构思巧妙，梅与禽，一动一静，有机融合。梅枝上的花朵，聚散位置的选择十分讲究：盛放的，炸苞欲张的，还有花苞、花骨朵，相互照应、映衬，花朵的边线被勾勒得精细纤巧，敷色厚重典雅，把寒冬腊月活生生的一幅珍禽图呈现在画面上，足见他的心智和慧眼。

赵佶提倡诗、书、画、印结合。他常以诗题、款识、签押、印章完整地组合成画面，而成为后学的楷模与绘画的传统特征。

人们都说政治上赵佶昏庸无能，是北宋最荒淫腐朽的皇帝。在位20多年，国亡被俘，受折磨而死，终年只有54岁，可历史仿佛给赵佶开了个大玩笑。治国无能的他在艺术上却是一位罕见的全能大家。沧海桑田，宋朝兴衰的那些事早已淹没在时光的洪流之中，可赵佶的艺术魅力穿越时空，至今仍闪烁在华夏文明的夜空。

说到这里，有一个问题无法回避，那就是画作是画家心迹的外化，或许有人会说，赵佶荒淫腐朽的行为玷污了梅花高洁的品质，用时人的话说，他不配画梅。

可他画了，而且还留在梅花画史上，这就牵涉到人格二重性的哲学命题。人，是一种高级动物，帝王将相都是人。人，从本质上讲，身上仍带有一定的动物性，如暴力倾向、兽性冲动等。在长期的社会演变进化中，人，不断超越本能的动物性，形成了人类文明并不断熏染强化，使人具有社会性。动物性与社会性是矛盾的，两者又常常宿居在一个人身上。当赵佶走上皇帝的宝座时，皇帝特权没有边界，没有底线，他为所欲为。当他拿起毛笔作画时，他的文化和艺术修养转化在画作之中，他的灵魂在"自然人"和"社会人"两面游走。

从时间上讲，赵佶和扬无咎几乎是同时代的人。

▶ 四梅图 （南宋） 扬无咎画

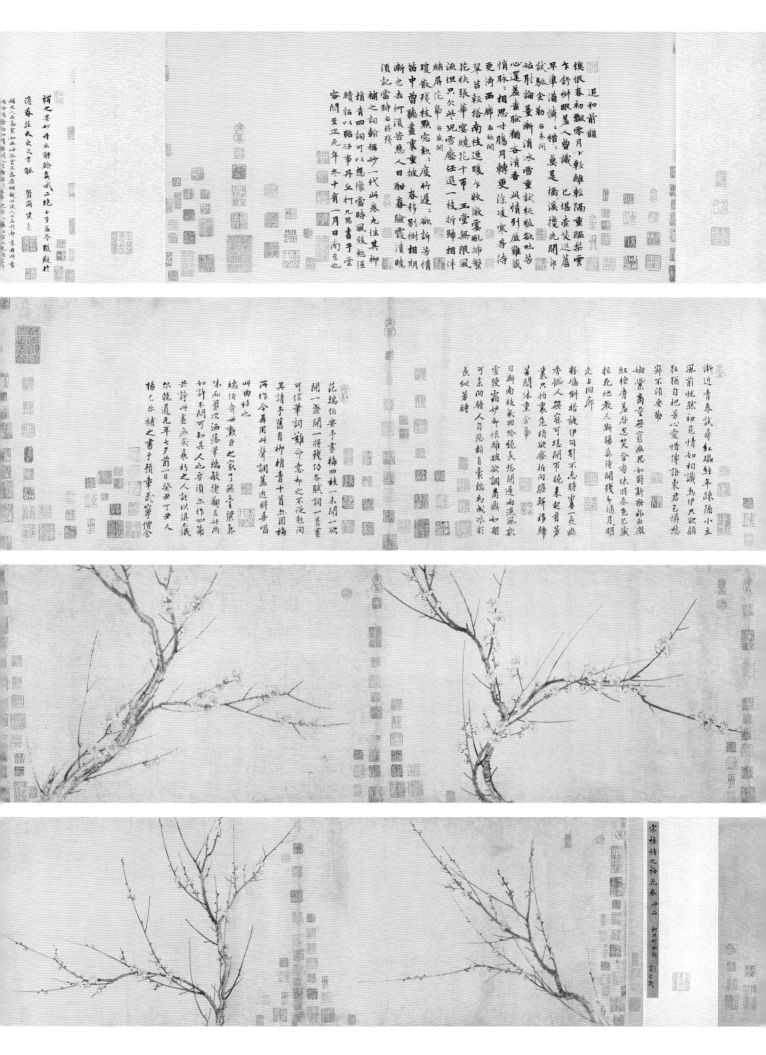

《四梅图》局部 （宋代） 扬无咎画

雪梅图 （南宋） 扬无咎画

赵佶是君主，扬无咎是不向朝廷低头的文人。翻开扬无咎的档案，赫然地记载着：

扬无咎，字补之，号逃禅老人、清夷长者，临江清江（今江西樟树）人，寓居洪州豫章。在宋徽宗之子宋高宗在位时，他不满秦桧诬陷忠良之风盛行，多次拒绝做官。精绘画，尤以墨梅著称，且是当时著名词人之一。

扬无咎平生喜爱梅，年轻时居所庭院内就植有梅树，他每天第一要务就是观梅写生。夜晚月下，描摹梅影，日积月累，聚沙成塔，梅花的各种姿势、形态已深深烙在他的心田。栽梅生花，挥笔吐墨，不同凡响。可宋徽宗赵佶高高在上，他并不欣赏扬无咎的画格画风，笑扬无咎画的是村梅。

扬无咎真有几分野梅的傲骨，不向皇权低头，我行我素，在画梅花时，索性押上"奉敕村梅"的字样。

细细品读扬无咎的墨梅，不难发现，他的墨梅宗法仲仁，能"得其韵度之清丽"。说起仲仁，他是北宋末年以善画墨梅著称的华光和尚，他偶见月光将梅花影子映照在纸窗上而受启发，创作了以墨晕作梅花的画法。扬无咎久闻仲仁墨梅大名，欣然前去拜访。仲仁赏其人品，惜爱真才，与其以同道画友相处。仲仁亲授其墨梅画法，扬无咎继承其法又有所发展，

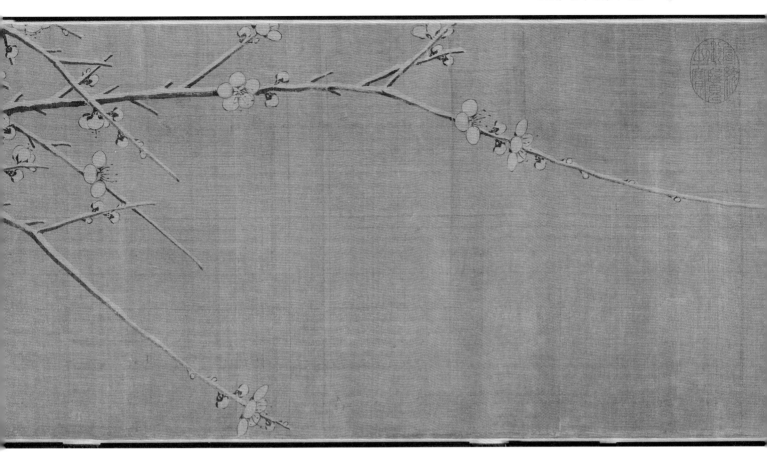

创造出一种用细线圈花的画法，变黑为白，从而更适合表现疏香淡色的梅花特性。他平常画梅取材多为山间水滨的野梅，疏枝冷蕊，荒寒清绝。与宫廷画家笔下珍奇富丽的宫梅相比，别具野逸格调。故被戏称为村梅。

相传宫中一墙壁上曾挂过一幅扬无咎的梅花，诱来蜂蝶云集，宫人见之赞叹不已。

扬无咎平生耿介正直，不慕利禄，又不俯仰时好，朝廷屡次请他出来做官，均遭拒绝。他一生没做过官，潜心钻研画法。他不仅创立墨梅新法，还推动了文人水墨画的新发展。当时追随他的人众多，一股新的画风逐渐形成。扬无咎的

代表作有《四梅图》《雪梅图》等。其《四梅图》，分四段画梅花，分别表现梅未开、欲开、盛开、将残的状态。粗干用干笔写出，呈瘦劲之势，细枝以劲直的线条直接一笔写出，挺秀刚劲。其花朵以白描勾圈。四幅画作一个共同的特点是花与干、白与黑相互映衬，把梅花皎洁清丽之态表现得淋漓尽致。杨无咎还在卷首自题赞梅词四首。

他的《雪梅图》绘的是野梅疏竹。浓墨写干，细笔勾花，淡墨烘底，留大空白以表现雪中之梅花。黑白对比分明，水墨弥漫，笔到神出，意蕴生动，将梅花的清肌傲骨表现得风姿卓绝。时间是最好的判

渾如冷蘂宿花房
擁抱檀心憶舊香
開到寒梢尤可愛
此般必是漢宮粧

層疊冰綃

层叠冰绡图 （南宋） 马麟画

梅花诗意图卷 （北宋） 王岩叟画

官，它明白地告诉世人，《雪梅图》是扬无咎早期雪梅题材中的存世佳构。

扬无咎的画作透出他不趋时弊、不惧王权、不屈不挠、刚直不阿、傲立世间的风骨。

说起马麟许多人不一定熟悉，可一说他的老爹便如雷贯耳。马远，在美术史上那可是显赫的大家。可他这个爹也不知是咋当的，爱子的生辰年月都没准确记存，世人大体记得，马麟是南宋宁宗时期的人，约活动在 13 世纪初期，在宋宁宗、宋理宗时期任画院祗候，山水、人物、花鸟全能。他用笔圆劲，轩昂洒落，画风秀润，颇讨宋宁宗、杨皇后的喜欢，并常在他们父子画作上题句。在这样一群人的欣赏下，马麟不敢有半点放纵和马虎，更没有那种野性放荡和烟火俗气。从画作中可以看到，马麟对表现对象观察敏锐，写生功夫颇深，在作画时灵性勃发，慧气横溢，有几分得意，又有几分柔情，把宋代院体画工整细

致的特点发挥到了极致。《层叠冰绡图》是马麟名垂梅花画史的名作,现藏于北京故宫博物院。画中所绘的三枝梅花据称为绿萼梅,它是梅花中的名贵品种。从整幅作品构图上来看,三条瘦梅细枝,一枝向上,两枝向下,势从画中心拉开,形成开合强大的张力。四行浓墨题款从上端压下来,把视点又紧紧地控制在画心处。这种别出心裁的构图方式在梅花画史上仅此绝作。三条瘦枝干都有转折,但细秀劲挺,把梅枝那种百折不挠的天性艺术地再现了出来。花朵聚散巧妙、智慧,既俏媚缤纷又疏朗雅致。从技法上讲,均采用的是双勾填色法,花朵的向背变化生动自然。画工精细,层次鲜明。花瓣外沿和背面又施上一层浅浅的白粉,强化梅花冰清玉洁的质感。在马麟的心中、笔下,梅花无比圣洁和崇高,容不得丝毫的尘埃和俗气。整个画面干净、简洁,无须多言,他将梅花那种高傲而不染凡尘的品格尽情地表现了出来。

再细品整幅作品,"层叠冰绡",杨皇后题写的这四个字,不大不小,正点缀画面。在画的上方杨皇后又题诗曰:"浑如冷蝶宿花房,拥抱檀心忆旧香。开到寒梢尤可爱,此般必是汉宫妆。"整幅作品虽不是一个人所为,但题画者与画画人是默契的,让书与画有机地融合,从而丰富了画面,拓展了读画、品画的审美空间。

书画家的墨迹,是书画家精神世界外化的产物,无论你怎样内敛与狂放,或者说"伪装"与掩饰,你的墨迹活生生地立在那儿,它不言语却自然会深深地镌刻那个时代的胎记。两宋的社会生活、思想文化的特殊背景,使梅花的审美特征越来越受到关注与推崇,人格寄托意义不断丰富和凸显,其价值与魅力不断地被阐发、放大、提升,最终被推为"群芳之首",成为崇高品格的象征和文人理想人格的图腾。

从王岩叟的作品中,我们可以窥视到

他画梅的动因。他有一幅《梅花诗意图卷》，现藏于美国弗利尔美术馆。王岩叟，大名清平人（今山东临清），北宋状元，书法家、论著家，朝廷重臣。他才华横溢，刚直不阿，政绩卓著，为人做事磊落，有大气节，深得同朝司马光、苏辙、吕公著等大臣名士的赞誉。

这幅作品首先让你感到的是荡漾的诗意从天际逐云而来，漫天的清秀弥漫而至。王岩叟以其才华和智慧蘸墨写就的诗画，郁郁葱葱绽放千年不衰。你看那画幅中的老梅干饱经风霜而内存活力，自由生长的枝条蓬勃向上。枝条上缀满的花朵，千姿百态，十分可人。花朵的聚散、位置的经营，又别具匠心，既从自然中来，又进入了艺术的化境。王岩叟以自己独特的方式赞美梅，诠释梅花清丽淡泊的高尚品格。

何谓诗意，那就是书画家用一种艺术的方式，对表现对象所做的激情澎湃的豪迈表达。或者说像诗文里表达的那样，创造出愉悦而具有美感的意境。你再品读一下王岩叟的这幅梅花画作，是不是这个"味"，是不是这个"境"。

历史上，政权的更迭，有时可能就是一夜间的事，社会中的人不可能全部"回炉"重来，时光依旧，生活依旧，正是"青山依旧在，几度夕阳红"。

钱选，这位宋末元初时期著名花鸟画家，字舜举，号玉潭，别号清癯老人等，湖州人，与赵孟頫是同乡和朋友，同居"吴兴八俊"之列。南宋景定年间乡贡进士，入元不仕。工诗，善书画，人品及画品皆

称誉当时。技法全面，山水、人物、花鸟皆能。

钱选尤善作折枝花卉，花鸟画成就最高，是元代继承宋代特色工笔花鸟画之一脉中的代表人物。他在广泛吸收传统的基础上自出新意。他秉承苏轼等人文人画的理念，而有意摆脱南宋画院习气的束缚，倡导士气说，主张绘画在创作思想上重在体现文人的气质，不刻意追求形似。他的这些主张在元初画坛有一定的影响。钱选喜在画上题写诗文和跋语，无心插柳，却萌成了历史，诗、书、画三者浑然融合，这是文人画的鲜明特色，从此有了标志性的意义。钱选存世的作品多，一方面说明钱选生前创作是勤奋的，另一方面说明世人对他的作品是真爱。从他存世的画作看，绝大部分作品属工细风格，且少有草率应酬的，每件作品都用笔精工，赋色清丽，但又能于工致中显活脱，清丽中见典雅。

说画梅大家，不能不说到王冕。王冕，字元章，号煮石山农，亦号食中翁、梅花屋主，浙江诸暨枫桥人，元末著名画家、诗人、篆刻家。他出身贫寒，幼年替人放牛，靠自学成才。性格孤傲，诗作多同情人间的苦难，谴责豪门权贵，轻视功名利禄，描写田园隐逸生活。一生爱梅、种梅、咏梅，又工画梅。所画梅花花密枝繁，生意盎然，劲健有力，对后世影响较大。现藏于北京故宫博物院的《墨梅图卷》，是繁花式的代表作。画中枝条茂密，前后错落。枝头缀满繁密的梅花，或含苞待放，或绽瓣盛开，或残英点点。正侧偃仰，千姿百

▶墨梅图卷 （元） 王冕画

态，犹如万斛玉珠洒落在银枝上。洁白的花朵与铮铮的干枝相映，清气袭人，深得梅花风韵。干枝描绘成如弯弯秋月，挺劲有力。梅花花朵的分布富有韵律感。长枝处疏，短枝处密，交枝处又以花蕊罩之。勾瓣点蕊简洁洒脱。王冕的墨梅出于北宋扬无咎，但宋人写梅大都疏枝浅蕊，此图则繁花密枝，独树一帜。

此作不仅表现了梅花的天然神韵，而且寄寓了画家那种高标孤洁的思想情感。加上画家那首脍炙人口的七言题画诗，诗情画意交相辉映，使这幅画成为不朽的传世名作。

王冕学画的故事，几百年来一直在坊间传颂。他自幼家贫，白天放牛，晚上到佛寺长明灯下苦读，时光堆积，智慧叠加，满腹经纶，能诗善画，多才多艺。他曾参加科考却屡试不第，他又不愿巴结权贵，只有绝意功名利禄，归隐浙东九里山，作画"易米为生"。"不要人夸好颜色，只流清气满乾坤"，鄙薄流俗、独善其身、不求功名的品格在字里行间流淌。

清代朱方蔼说："宋人画梅，大都疏枝浅蕊。至元煮石山农始易以繁花，千丛万簇，倍觉风神绰约，珠胎隐现，为此花别开生面。"

一个画家得到后人如此高的评价也算流芳百世了，后人对前代的评价往往更中肯。而一位艺术家得到当朝最高统治者的首肯，也非易事。

吕纪，字廷振，号乐愚，鄞县（今浙江宁波）人，明代院体花鸟画家。他的花鸟画最早学边景昭，又师林良，后又把目光投向唐宋诸大家。他将工笔重彩和水墨写意两种画法，自由地、浑然地转换到画作中，其工笔描绘精细，造型准确，赋色典雅，意笔则挥洒率性，随意点染，简练奔放，气势博大而又生动有趣。在他的思维习惯里，工与写没有人为的鸿沟，只要画面需要，所有的画法和手段都可为，唯一宗旨就是使画面所有表现的物象生动形象，笔墨清新传神。他的花鸟画在当时宫廷内外影响甚大，被誉为明代花鸟画第一家。吕纪还有更聪慧的一招，常通过寄寓画作的手法劝谏皇帝，其时的皇帝知其用心，评曰："工执艺事以谏，吕纪有之。"

他的《狮头鹅图》现藏于辽宁省博物馆。整幅画作构图别致，一株千年古树，若盘龙从苍天乘势下探，一只肥硕的狮头鹅，踱着健步，回头张望，它似乎在凝望那飘落的雪花挟裹的梅花，在叩问寒冬：鹅毛大雪飘过之后，春天还有多远？其画作立意深远，设色古拙典雅，黑白灰和谐，明丽清新，格调高古。尤其在梅树枝干的取势上既大胆造险，又匠心求稳，粗硕的梅干弯曲着冲出画面，给人以无限的遐想。接着一枝又从画外折回，梅树下一块巨大的怪石向上撑住，从而增加画面稳重的分量。这些情景生活中常见，但未必每个画家都这么选择。构图、经营位置，就是选择取舍，取舍就是价值取向。吕纪所有这些氛围的营造都是为了突出展现梅花的高洁。从最后的呈现效果看，他的意图全实现了。

狮头鹅图 （明）吕纪画

墨梅图 （明）王谦画

吕纪还有一幅《雪梅集禽图》，现藏于天津博物馆。画作突出展现梅花历经岁月的风雨雷电，历练坚忍、顽强抗争的内在精神，大雪压不垮，大风折不断，千回百转，孕育生机，每一处都各呈异彩，昂首怒放生机。茶花绿翠随处相伴，禽鸟天上和地下和鸣，冬季里雪融春早的景象已在大地刷新。吕纪借写梅，写出自己心境的纯净和向往之情。

一树梅花，在一百个画家笔下，会有一百种姿态、一百种面貌。因为每个人的艺术追求和审美取向都不尽相同。同样的梅花，王谦看到的是她的独冠群芳。

王谦，字牧之，号冰壶道人，杭州人，生卒年月记载不详，约活动于明永乐至正德年间。他画的梅花清奇可爱，传世作品有《卓冠群芳图》《墨梅图》《冰魂冷蕊图》等。

首先看王谦的《墨梅图》吧。画中绘老梅一株，虬干挺拔，枝干交错向上，气势雄逸，自然曲折的干与枝，同挺拔直冲云霄的嫩枝共生共荣。用笔老辣，干净利索，枝头繁花怒放，勃发着一片旺盛的生机。墨色丰富浑厚，粗细相间，疏密有致。再看他的《卓冠群芳图》，此图同样是写一株老梅，与《墨梅图》

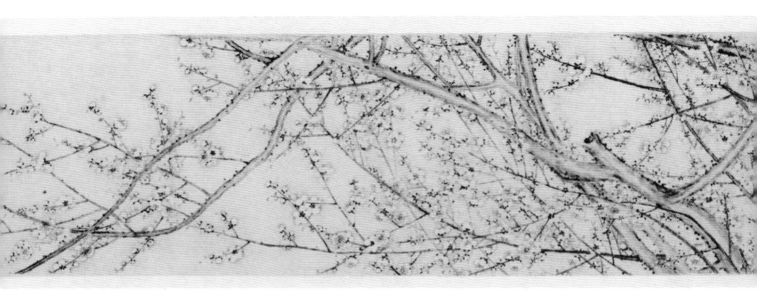

暗香疏影图 （明）朱瞻基画

近似。梅干从右下方斜着伸至画心，然后散出多条嫩枝，主干则继续向上冲去，在半空中张开四臂，傲视周围，谁可比之。苗壮的新枝上，花蕊群集，犹如万玉赛姿，璀璨异常。从用笔上看，其顺逆有势的散锋皴写枝干，笔出势雄，力如破竹，苍龙出岫，气壮河山，线条遒劲，如弯矢挺刃。看得出王冕对他影响颇大。枝头上的花朵采用的是勾瓣点蕊法，深黑的墨色映出清白的花朵，冰清玉洁，冷艳奇丽，再与粗悍的梅干相衬，苍劲中透出来自宇宙深处的清气，天寒地冻的季节谁露笑靥，群枝轩昂，傲视众芳，把老梅那种神清骨峻的风姿表现得如真如幻。这是一种语言无法表达的纯粹之美，宁静高贵，深沉阔大。画作散发出来的那种纯美，给我们浮躁的灵魂以震撼，漫天飘舞的雪梅花瓣，是对孤高心灵的崇敬和祭奠。梅，永远在那儿，在王谦生命的轨迹里，在他雄健的笔墨中。

既能当皇帝又精绘事，中国历史上有两位，一位是宋徽宗赵佶，另一位则是明宣宗朱瞻基。前朝的赵佶是个不称职的皇帝，多遭后人耻笑。可朱瞻基就不一样，在位十年，政治清明，百姓安居乐业，经济得到空前发展，形成了"仁宣之治"的盛世局面。

朱瞻基，是明朝的第五位皇帝，系明成祖朱棣曾孙，明仁宗朱高炽的长子。其幼时受到宫廷良好的儒家教育和艺术熏

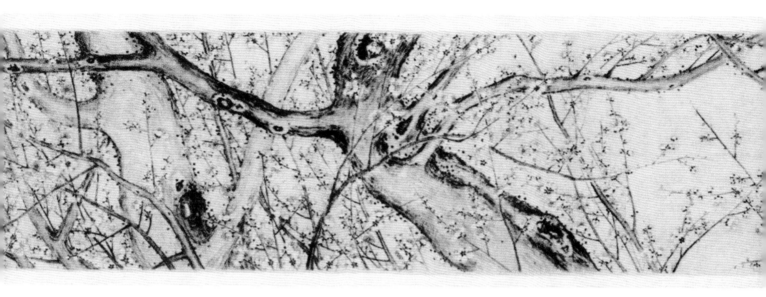

陶，雅尚翰墨，尤工绘事，山水、人物、走兽、草虫均能，且尽其精妙，成就卓著。他的《暗香疏影图》，也是梅花画史中的名作。

画面枝干丰茂，一株硕大粗壮的老梅横穿而出，枝条前后左右穿插，天然有韵致，枝长处疏，枝短处密，疏密相间，编织着梅林的自然节奏和韵律。其花朵先勾线后点蕊，花朵正侧偃息，姿态万千。满幅珠玉迸发，清气袭人，明亮而清丽，充分展现出梅花迎寒怒放的丰神与风骨。欣赏他的梅花，虽繁复绚烂，却毫无妩媚压迫之感，扑面袭来的都是清贞孤傲的大气概。

朱瞻基企望取王冕之法以密取胜，他早熟的艺术才华驾驭着笔墨，让画面密而不乱，繁而有韵，虚虚实实，层次分明，远近疏密相映成趣。

在细处花朵的处理上，他不只是画一朵花的形状，而是在形似之外求神态，精准地把控，恰如宋人汤叔雅所言："其为花也，有椒子，有蟹眼，有含笑，有开谢，有落英。"

朱瞻基此图卷，满目倩影，超尘拔俗，婆娑潇洒，怡然自得。历史的画迹会说话，他在作此图卷时心境是平和的，只有如秋水般平静的心境，才能画出幽静高蹈之作。

是的。借景抒情，借物寓意，这是文人常用的方法。陈道复喜欢一种清绝的格调。陈淳，字道复，后以字行，号白阳，又号白阳山人，长洲（今江苏苏州）

墨梅水仙图　（明）　陈道复画

人，明代绘画大师。你看他藏于广西壮族自治区博物馆的一幅花卉图，画面上仅画一枝梅。很少见白阳这样表现，梅枝细细，几波变化，向上张开，线条含蓄，绵柔却蕴含骨力，两条枝上分别缀着几朵欲开未开的花儿。用笔干净利索，毫不呆滞，一股清逸绝尘之风从枝头散发出来。他曾作诗咏梅："两人花下酌，新月正西时。坐久香因减，谈深欢莫知。我生本倏忽，人事总差池。且自得萧散，穷通何用疑。"在这样的情景之中与知己把酒畅怀，梅与月、梅与雪、梅与酒交相辉映，敞亮胸怀，是对人生的感慨和透悟。清香浮动，高风绝尘，锻造成心中的梅、纸上的花，不恰恰是这枝梅花的旁白和解语吗？白阳关心的不是梅的外表，甚至不是梅的清逸，而是梅的枝和花的永恒固化。"寄语不须容易落，

且留香影照寒江"，这是他内心的独白。

陈道复还写过一首题为《画梅》的诗："梅花得意占群芳，雪后追寻笑我忙。折取一枝悬竹杖，归来随路有清香。"

纵观陈道复一生的艺术追求，他追求的是"天趣"，同为衡山门人的王谷祥说："陈白阳作画，天趣多而境界少，或孤山剩水，或远岫疏林，或云容雨态。点染标致，脱去尘俗，而自出畦径，盖得意忘象者也。"当然同门道友是深知的，陈道复的天趣，是指"写生之趣"。董其昌也说："白阳先生深得写生之趣，当代第一名手也。"他写生，写一花半叶，淡墨欹毫，写的是其所绘对象内在生命的精神显露，以写枯为写生，在无生意中勃发生意，直面生命本身。

他的这些艺术观直接表现在他的梅花画作之中。中国国家博物馆藏的花卉册页

之九《梅花图》，两枝枯干交叉地向外伸展，在画的中心位置几朵全开的花相聚在一起，上下又挤出两朵刚炸蕾的和一个花骨朵儿。从这里可以窥见白阳在写生中对物象观察得细微，几个枝头上的花朵呈现出不同的姿态，每朵花都是活脱脱的生命载体，它永恒地缀在枝头上，这是顽强生命之花的集体吟唱，是冰封雪悠的世界向春天发出的最豪迈邀请。

另一位画家陈录也正行走在这条道上。他是明代早期著名的画梅高手，其作品传世不多，且分散于海内外多家收藏机构。一直以来，美术史对陈录画梅多有记载，但学术界却从没有进行过专门的研究。

陈录，字宪章，以字行，号如隐居士，会稽（今浙江绍兴）人，传世作品有《万玉图》《梅丹辉映图》《烟笼玉树图》《梅花图》等。

陈录喜繁花，先看他的《万玉图》。一株倒垂的梅，枝从右上角伸出，主干弧形弯曲，构成梅枝总的动势。小枝则如瀑布般从上部倾泻而出，细枝参差交错，俯仰顾盼，枝头上繁花密集，簇拥烂漫。陈录以没骨写干，双勾圈花，淡墨渲染背景，强化千条万玉、花团锦簇的视觉效果。陈录用的是"特写镜头"的方法，截取一枝，精细刻画，通过这一枝，让人浮想联翩。

再看他的《梅花图》，它与《万玉图》有异曲同工之妙，但在气势上更觉恢宏。此图梅干自左出，倒垂而下，分为二枝，一枝弯曲直下，一枝平伸出画面，但细枝伴主干完全取披垂之势，与总的动势保持

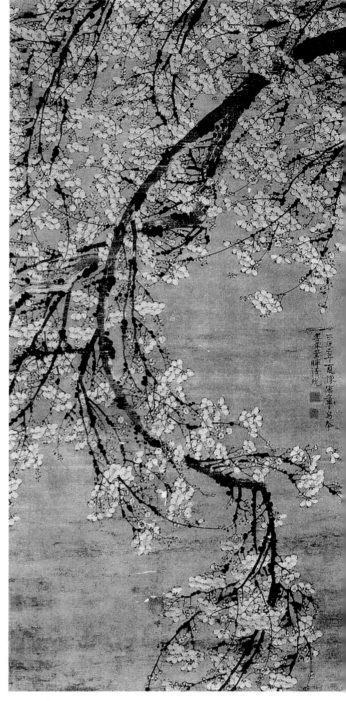

万玉图 （明） 陈录画

一致。梅枝上繁花密蕊，璎珞纷呈，千花万朵，铺天盖地，狂涌而来。构图上将主干分散呼应，意在强调密如万玉的花朵本身的美感。陈录所处的明代初期，政治清明，国力强盛，是继唐之后的黄金时期。《明史》评价明成祖"远迈汉唐"。生活在这样的时代，画家心情是愉悦的，手中的笔是欢畅的，到处呈现的是喜气洋洋的景象，陈录借梅花表达躬逢明王朝"盛世"的喜悦。画墨梅，我们从元末王冕的《墨梅图》到陈录的《梅花图》可以看出，墨梅作为文人画的一种，此时其表现技巧已达到了十分高妙的境地。

我们不妨再来欣赏天津博物馆藏的《梅月辉映图》。同样画中取一株老树，枝干全部欣欣向上，花朵繁密，一轮明月高挂在梅梢。画家采用染底留白来衬出朵朵繁花，把月光皎洁、梅花幽香的情趣表露无遗。同样是画密枝繁花，陈录在这里突出地表现一个"静"字，静得连梅花炸开花苞的声音都能清晰地听到。树愈静，境愈幽。

藏于北京故宫博物院的《烟笼玉树图》，构图别致，布局豪纵奇崛，气象峥嵘而清劲可爱。枝干纵横，以墨笔皴写，湿笔中又呈飞白，枯健如蟠龙虬曲，再横点重墨，更显苍老遒劲。树梢俏丽，而嫩枝又笔直上伸，上下呼应。繁花散于各嫩枝之间，只用简单的双钩填色，寒梅那种千斛万蕊、冷艳清香便扑面而来。一缕烟雾飘横于梅梢，隽拔清逸之美随即而生。

这几幅梅花图，初看相差无几，但细品，

梅月辉映图　（明）　陈录画

烟笼玉树图　（明）　陈录画

陈录每一幅梅花都有着不同的意境。这就是大家，不在乎所画的物象，而在于心境的吐露和表达。

其实，画家的画作，是自己灵魂的物化。我们再看徐渭的画，仿佛看到他的灵魂没有固定的居所。他在千年故纸堆里玩穿越，没多久又从故纸堆破壁而出，炸开一片新的天地。仿佛徐渭非凡夫俗子，从宇宙间接受的能量也与众不同。他直面人生，而又游戏人生，他的人格倾向，通过手中的笔墨传输到作品中。

"眼空千古，独立一时。"他的狂怪，令世人惊讶，他悲愤至极，而得狂疾。其作画状态完全是一种无法遏止的激情爆发。正如李贽所说："其胸中有如许无状可怪之事，其喉间有如许欲吐而不敢吐之物，其口头又时时有许多欲语而莫可所以告语之处。蓄极积久，势不能遏。一旦见景生情，触目兴叹，夺他人之酒杯，浇自己之垒块，诉心中之不平，感数奇于千载。"

徐渭主张师心，不蹈矩。继承传统，而又审视传统，重新阐释传统。写生，亲近自然。不是走前人老路，而是在老路尽头选择开拓新途。"从来不见梅花谱，信手拈来自有神。"他作画随意涂抹，处处无法，起笔、运行、转折、收笔都没有固定法式。"不重形似求生韵"，不重再现

《墨花九段图》局部 （明） 徐渭画

重性灵，主张"天机自动""从人心流出"，任创造的灵魂自由翱翔，让狂涛巨浪般的激情奔腾倾泻，任精神的能量爆炸发泄。他笔下的梅花，已不是前人图式中那种清高、平淡、幽雅、静逸的格调。梅是他的化身，是他那放荡、狂野灵魂的临时收容地。藏于云南省博物馆的水墨花卉局部，有一枝梅花，像一条巨龙从天上猛然探入水中，然后从水中抬起头，伸出两个似犄角的枝头，枝头上生出像龙鳞一般的稀疏的几朵花朵。他在画上题诗曰："梅花浸水处，无影但涵痕。虽能避雪压，恐未免鱼吞。"可谓奇思妙想，异想天开。梅花浸在水中，雪压不着了，又恐被鱼吞了去。画来画去，徐渭还是在写自己，他面临的时代和社会环境如此残酷，像梅这样性格顽强的物种，也难抗击强大的社会暴力的摧残，一时逃避，跳出虎口，又入狼窝。

试想陆生植物，躲到水里，还有鱼儿来欺负，哪里才有生存之地呢？徐渭在借梅花之身，吐露内心的块垒。

他的《梅花图卷》（藏于南京博物院）用大斗笔直接写出枝干，每一笔都笔到意到，写出梅枝内在的傲骨气质，枝条都是刚刚萌生出来的，活力非凡，而在嫩枝上又傲然地缀着几朵花，整个画面大气凛然。他在《王元章倒枝梅画》诗中曰："皓态孤芳压俗姿，不堪复写拂云枝。从来万事嫌高格，莫怪梅花着地垂。"诗中已经说得很清楚了。如此残酷恶劣的环境，梅花的生存也十分艰难呀。徐渭的躯壳已化在尘土之中，可他的灵魂依然在梅枝与花蕊间狂奔、呼号。

一提到陈洪绶，往往就会想到他的叛逆与创新，想到他的变形人物画。但他同时也长于花鸟画。他的花鸟画继承宋元传统，工细可人。不少论者认为陈洪绶的绘画有太古之风、晋唐意味，体现了文人画普遍具有的好风雅的习惯，有古拙美和装饰美。他所孜孜张扬的是高古的画境、不凡的穿透力和深邃的内涵。

　　同样，陈洪绶也选择梅花这一题材来表达心境。陈洪绶的梅大多是工笔，如这幅《梅石山鸟图》，一块巨大的太湖石姿态万千，玲珑剔透，每一处都重峦叠嶂。整块石头浑穆古朴，凝重深沉，超凡脱俗。一株千年古梅，从石的左侧生出并伸向右面，枝条和花朵透过天然的石洞展示出来，仿佛穿越时空向我们张开笑脸。梅枝清瘦，寄托着他不得志的现实生活。他曾三次进京，并在最后一次进京时受到崇祯皇帝的赏识。这种赏识的结果，只让他临摹历代帝王像，而无法实现自己的政治抱负。这幅画上一只小鸟站在枝头，向侧后方张望，没有陶醉在梅香之中，它是清醒的，它在思索，刚才是从哪儿飞来的，在这枝头上歇息一会儿，蓄足精神，又欲飞向何处。梅、石是有灵性的，鸟儿是有思想的。陈洪绶通过《梅石山鸟图》要告诉我们的是，在无限的高古世界，还原人质朴、原初的精神，让生命的真实性自由自在地彰显。

　　从技法上讲，这幅画作采用梅枝斜伸与湖石直立交叉的方法构图，用笔精细，线条遒劲，力可扛鼎，设色雅致温润，不浓不艳。在同一个色系中，每朵花的向背、正侧都有浓淡差别，使花瓣显得生动、鲜活。梅与湖石形态别致。太湖石先以淡墨勾轮廓，线

梅石山鸟图 （明） 陈洪绶画

条变幻多端，造型诡异，然后用淡墨一层一层地晕染十数遍，墨色厚重而不呆滞，可见晕染之功力。树干曲折盘桓，伤痕累累，每个转折处晕染细微，毫端可见。花瓣细笔双勾，用粉轻染，深浅天然，变化丰富而统一在白色调子之中。树干百转千回，嫩枝曲折而充溢着活力，染过之后又用石绿点苔，整个画面深沉而古朴，艳而不娇不媚。古梅耐寒斗香、坚贞不屈的品格通过画面得到充分的展现。特别是画面中那只鸟，成了画眼，它头顶凤冠，身披深绿发亮的羽毛，挺着浅红色的胸膛。设色高古而流淌着无限的韵致，石梅放花，生意盎然，山鸟伫立，灵动机敏，白色的梅花与鲜艳的翎毛共同营造出浓烈的春的气象。

陈洪绶在画中，把"高"与"古"融在一起，高则俯视一切，古则心怀千载，"高"和"古"分别强调空间和时间的无限性，人不可能与时逐"古"，与天比高，梅花开后也不可能永不落，俗谚说"人无千日好，花无百日红"，但开在纸上的花却千年不败，陈洪绶孜孜追求的高古境界，彰显的正是这一时空的超越性。我们今天见到这幅《梅石山鸟图》，画面的物像还是当年的样式，可它粉碎了时空的困顿，自由地怒放在艺术的天地里。

陈洪绶的梅花，其树干大都满身疤痕，千年岁月、风雨雷电在她身上烙下了无数印记，可老梅如铁，愈磨愈坚贞，在冷寂的环境中花开花落，体现出梅花乃至画家本人顽强的意志。陈洪绶晚年的梅花

画得古拙生冷，仿佛没有绚烂的生命，没有活泼的生机，是枯淡的、古拙的。通过画作他要阅读者到花开花落的背后谛听落花的声音，在荒芜的泥淖中闻花的芬芳，在浩瀚无波的长河中品味宁静的越超。陈洪绶以这种高古的格调撕去文人画传统的护身符，荡去一切喧嚣，平灭一切冲突，熨平人世间的一切繁华。六朝变更我独尊，千年老梅在那里，他就在那里，正印证了那句古联："满目青山元不动，万古碧潭清似镜。"

对八大山人的绘画，懂画的半懂不懂的，都觉得八大山人有点怪，特别是一些花鸟画作，就更是怪中之怪了。还有人觉得八大的画就两个字：简单。或许这都是一孔之见，八大的风格就是怪与简的交织。怪与简共同托举起八大画作的形，在这个形的背后，深藏八大的灵魂、他的大智慧。作为一位造型艺术家，他的笔触可卷乾坤千堆雪，可纵长空万里云。一切的俗尘事物，信手拈来，都可碾压在笔端。然而选择什么来表现，表现到什么程度，甚至它的深度、广度乃至厚度，都是这位造型艺术家灵魂驱使的结果。

随意为形，不拘常形常理。他的梅花有时甚至八面出枝，但确是十分简约。有一幅长轴《梅花》，梅的枝干长势按山路来布局，之间相互顾盼，疏密有度，老笔神来，横成直入，其中最长的一枝，从上直接冲下，有力有势。无论是粗干还是细枝上，开出的花朵都很稀疏，大多只有一两朵而已，真正的惜墨如金。少，也许有

左图：古梅图 （明末清初） 八大山人画
右图：墨梅图 （明末清初） 八大山人画

人能做到，但少而不薄，少而不贫，少而不单调，少而有味，少而有趣，透过少给悦画者以无限的再创作空间。康熙二十一年（1682）他曾画了一幅《古梅图》，树的主干已空心，虬根露出，光秃的几个枝杈上，树顶向两边屈曲伸展成"丁"字形，寥寥地点缀着几朵花，像是饱经风霜雷电劫后余生的样子。在画面上方题写了三首诗，第一首写道："分付梅花吴道人，幽幽翟翟莫相亲。南山之南北山北，老得焚鱼扫房尘。"第二首诗写道："得本还时末也非，曾无地瘦与天肥。梅花画里思思肖，和尚如何如采薇。"第三首诗写道："夫婿殊如昨，何为不笛床，如花语剑器，爱马作商量。苦泪交千点，青春事适王，曾云午桥外，更买墨花庄。"

八大山人有一幅《墨梅图》，构图奇特。一条重墨线作为梅花主干，从右面向左生长成"S"形，嫩枝分左右出，画中只有三朵花。他的布局特别讲究，少许物象在二维空间摆放的位置，充分利用空白，并充分调动题跋、署款、印章在整个画面中起到的均衡、对称、疏密、虚实等作用。八大山人高明之处在于他善于以白当黑，使画面中的每一个点在布局中都起到举足轻重的作用。他还有一幅简笔《梅花图》，画面中用三两笔画出梅枝，也只有两三朵花，然而那三枝主干，都是用笔一口气写出来的。画虽然简洁，但笔墨要求最硬核的要素都能找到。他一生沉浸在笔墨意境之中，其绘画作品很少着色，梅花画作几乎都是墨梅。他笔墨精湛，清新

洒脱，酣畅淋漓的艺术令无数艺术大家顶礼膜拜。他不但画梅是这样，画其他题材也一样。他这样画是由他的艺术观决定的。他晚年秉承的艺术思想是"真性"，他把真性这一艺术灵魂当作求生、求存的阳光，若无真性，艺术的空间仿佛是一片黑暗。他追求的是艺术的永恒，那笔墨线条状写出来的物，是他心灵智慧凝聚而成，也是他灵魂的安顿之所。随心所欲，随心向往，直接或间接地构建了他的艺术形式。

中国传统艺术有诗、书、画三绝的说法，自唐代以来，渐渐形成了书画并行之道。一般来说，文人画不论山水、人物还是花鸟，在画面题写上诗文，补充画面，表达画意，书法一般不是绘画的主体。人们常说书画同源，但书与画还是有区别的，绘画是图像，书法是图式。什么图像图式呀，在八大山人这里都是图与形，都是绘画，他随心而发，自在流淌，这是他对绘画形式做出的大胆改造，用时人的说法，这是他对绘画史所做出的重大贡献。

汪士慎是清代又一位善画梅的画家，"扬州八怪"之一。他是安徽休宁人，名巢林，溪东外使等。他37岁离开家，长期寓居扬州。据说汪士慎平时寡言少语，在与别人交往时，从不提过去的事。汪士慎到扬州之后，虽有同乡厚待，但他的画不好卖。当时，师古之风盛行，而汪士慎的画有着浓厚的文人画气象，"师心""师自然"，不受拘束自由发挥。正如他自己所言："自笑成孤调，难堪入尘世。"在多方朋友的帮助下，48岁时他终于在扬

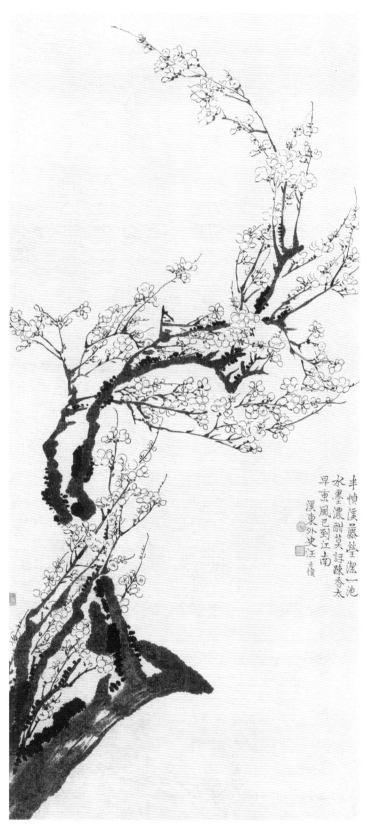

梅花图 （清） 汪士慎画

州买了一处老房子，有了自己的家。上苍就是这么捉弄人，就在这一年，汪士慎患上了眼疾，尤其是左眼红肿流泪，无钱求医，只好强忍煎熬。为了生计，他仍然不停地画。54岁时他画完一幅《梅花图》，左眼完全失明。眼疾没有打垮他顽强的意志，反而乐观豁达，继续作画，并戏称自己的创作是"独目著寒花"。66岁时，祸不单行，灾难再次降临，双目失明。对于一个画家来说，是靠创作形象来愉悦读者的，而一片黑暗中，什么形与象都没有了。对，还有心，他给自己起了个十分有趣的名字——心观道人。

汪士慎一生酷爱梅花，老年视力不济，影响笔墨技法的发挥，所以他的大多精品出在60岁之前。他的梅花无论是长卷，还是不满一尺的小品，都洋溢着隐士般的清奇高古、仙风道骨的气韵，看不见人间的烟火俗气。其梅花枝干盘根错节、遒劲有力、傲然天地、刚正不阿，既是梅花的品格，也是汪士慎人生的缩影。从技法上讲，汪士慎的梅花枝干都用大笔写出来，墨活笔润，活墨生香，淡雅怡静，勾皴点染细腻，眼盲而心中敞亮。汪士慎笔下的梅花多为千花万蕊，生意盎然，用心"焐"出来的梅花依然暗香浮动。

金农则把梅花的形式美和诗情美推向了极致。在他的内心存在着悲凉的矛盾，一方面追求文人雅士的清高，另一方面必须卖画乞米维持生活。他叹息世道，又自强不息，借梅花的铁骨冰心来激励自己，寄托忧思。

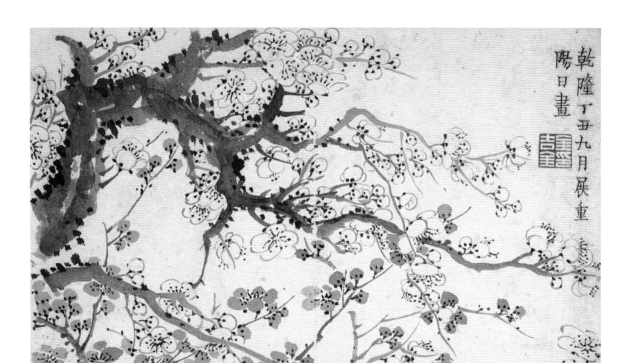

梅花图 （清） 金农画

"老梅愈老愈精神，水店山楼若有人。清到十分寒满把，始知明月是前身。"诗里画外，无不透露着金农孤高、淡泊、寂寞的人生，仿如画家命运的真实写照。

我们来看金农的一幅《梅花图》。在构图上，一株老梅从地到天占据了大部分画面，梅身布满苔点，岁月在梅身上写满了诗文与印记，在画面的右下方，三条嫩枝着满了花，粗与细、老与嫩形成对比。金农在画上题诗曰："野梅如棘满江津，别有风光不爱春。画罢自赏还自惜，问花到底赠何人。漫天风雪正交加，三径泥融酒懒赊。闲煞老夫无个事，炙开水砚画梅花。"可以想象，金农站在这幅画前欣赏完自己的画作，作何感慨。他羡慕梅花的品格，能独傲冰天雪地之中。他在画作中题了许多诗跋，那些诗跋给人以奇警的感觉，与其说是画梅，倒不如说是用笔墨来展现自己的灵魂，来标记自己的人生哲学。如果说画家画画，仅仅是对为了完整地表现、塑造某个表现对象，仅仅是对自然万物的摹写，他的画作，或许就像画家的自然生命一样，是非常短暂的，不可能在人类文明的长河中留下印记。而金农画梅，留下的是他用一生的智慧炼铸的精神。

空香沾手 （清） 金农画

历史上许多画家都画过梅花，借梅花来歌唱春天，可在金农的世界里，他害怕春天，他要躲避春天。他画梅花，是想在他的天地里回避春这个主题。蜡梅是冬天的使者，它是勇敢的先行者，一花独放，不畏严寒，傲霜斗雪，在广袤无垠的雪野里闪耀着生命的光华。可是当春天来临时，梅却褪尽了颜色，不见了踪影。春催生了万物，催开了百花，春天是创造的季节，是新生的季节。但春天也是残酷的、毁灭性的。这不，在冬天怒放的梅花，到了春天全都湮灭了，梅花的美埋没在春天里。

金农在杭州的老家有个耻春亭，他自号耻春翁。他在一幅梅花画作中题曰："吾家有耻春亭，因自称为耻春翁。亭左右前后，种老梅三十本。每当天寒作雪，冻萼一枝，不待东风吹动而吐花也。今侨居邘上，结想江头，漫写横斜小幅。未知亭中窥人明月，比旧如何，须于清梦去时问之。"金农有真情实感，他每年看梅开梅落，在他灵魂的天空里，他以春天为耻，耻向春风展笑容。他甚至写诗曰："雪比精神略瘦些，二三冷朵尚矜夸。近来老丑无人赏，耻向春风开好花。"从这首诗里读到金农害怕春天的真实独白，他要留住冬天，留住梅花，留住那永远傲雪斗霜的梅骨。正因为如此，金农"泪痕偷向墨池弹，恨漫漫。一任东风，吹梦堕江干。春残花未残（清人高望曾语）"。在金农的梅花画作中，梅花的花朵都画得比较多，他是在宣纸上把梅花铸就在那里，让世人审阅，让世人思考。

踏雪寻梅 （清） 黄慎画

金农有两幅表现"空"的梅花画作，一幅是《空香沾手》，另一幅是《空香如洒》。从画面构图看，两幅画的画面都很满，明明是满满的，却为何说是"空"呢？这里金农追求的是禅宗的"空"。《金刚经》曾言："一切有为法，如梦幻泡影，如露亦如电，应作如是观。"在禅宗的世界里一切都存在因缘，实则是空，空则是实，相互转换。如时人看一株树，是真是幻，存在又不存在。在金农的世界里，"空香"也是如此一般，他的"空"是对执着的一种超越。

金农的梅花还有一个特点，常常是"老树著花"，画面中先画几朵冻梅，枯枝古拙，历经千百年岁月的洗礼，满身疤痕，高远奇崛。梅枝以豪放的写意大笔写出，皴擦点染洒脱肆意，苍老而厚重，老辣而挺劲。梅花以淡墨勾勒花形，再以浓墨点染花蕊。枯干与嫩枝，浓墨与淡花形成强烈的对比。通过这样的笔墨铸造出梅花倔强的姿态和坚毅忠贞、浩然正气的品格。

"骑驴踏雪为诗探，送尽春风酒一瓶。独有梅花知我意，冷香犹可较江南。"这是又一位"扬州八怪"之一的黄慎画的一件十开山水册页中的题诗，道出了他的心声。黄慎自幼家贫，后长期寓居扬州，卖画为生。读书常在古庙佛殿的长明灯下。初师上官周，学工人物山水，后变化为粗笔挥写，以简驭繁，气势雄伟，笔意纵横，于粗犷中见精炼。

在绘画艺术上，黄慎十分全面，他最大的特点是将草书入画，《踏雪寻梅》就是将草书入画的典型佳作。

《踏雪寻梅》描绘的是隆冬季节的雪景。画面左侧数株古木拔地而起，虽然枝干上压满了积雪，但似乎有一种毫不屈服的神气，几根老藤挂

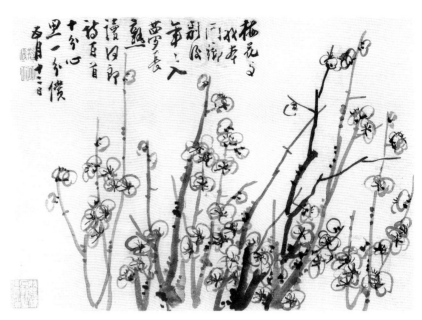

三清图册局部　（清）　李方膺画

满了冰霜，从枝干上下垂，几与骑驴老者相齐。背景的远山、田野仍冰雪一片，一位老者骑着毛驴，他头戴斗笠，身披蓑衣，神情肃穆自然。毛驴健壮，两耳直竖，低首听从主人使唤。后随一人戴方巾，肩扛梅枝，踏着布满冰雪的草地。老者回首与随从正在交谈，我们也可以听见两人在谈论今天的收获。两人满面红光，好像对这严寒的冰雪天景和蒙蒙的远山毫不畏惧。由于黄慎对大自然独到的观察能力，能适时地把握特定的感情和变幻多端的景色，使画面富含情趣。

李方膺的人生多曲折磨难。他是通州（今江苏南通）人，出身官宦之家。出任山东乐安县令时，正值夏秋之际，水患成灾，李方膺开仓赈济，冒着被杀头的危险动用库存皇粮，由此被革职。后又因触怒总督王文俊的垦荒令，被罢官入狱。乾隆登基后，李方膺得到平反，调安徽以知县

任用。后其父母相继去世，在家服丧六年。守孝期满调任安徽潜山县令，不久调任合肥县令。又逢饥荒，李方膺还是老样子，自订救灾措施，遭太守嫉恨被罢官。一生前后做县令 20 年，竟 3 次为太守所陷。纵观历史，他感慨不尽：两汉吏治，太守成之；后世吏治，太守坏之。

去官后李方膺寓居南京借园。他一生爱梅成癖，爱得如痴如醉，命其住宿处为"梅花楼"，庭院周围栽满梅花，置身其中吸纳清香。到安徽滁州代理知州，赴任后就去醉翁亭，在欧阳修手植的梅树前铺下红地毯，爱梅之至可见一斑。他崇尚梅高洁的秉性，爱梅不畏冰霜的品格。他画梅以瘦硬见称，老干新枝，欹侧盘曲。李方膺有一件《三清图册》，这当中的几幅梅花都是以新枝为主，每笔枝干都是用中锋写出，笔墨丰润，活力充沛，圈花行笔迅疾，线条变化丰富，将写意梅花写出了

梅花图 （清）罗聘画

新面貌。

金农的入室弟子罗聘是"扬州八怪"中最年轻者。罗聘的艺术成就是多方面的，他的好友吴锡麒在一文中盛赞"活梅花于腕下"。稍晚于罗聘的画家秦祖永把罗聘的画推为"神品""真高流逸墨，非寻常画所能窥其涯涘者也"。

我们来看罗聘藏于四川省博物馆的《梅花图》。一枝粗干呈"8"字形向上拓展，两条细枝从后面映衬。先以粗笔淡墨写出梅干，然后用浓墨点苔，强化老干的枯劲，嫩枝上的花朵分布疏朗，以淡墨勾圈，以重墨点萼，浓淡相适，使朵朵墨梅呼之欲出。思致渊雅，笔情古逸，着重在笔的书画性，满幅意趣横生。他继承了王冕的墨梅法，又师金农，所以他的梅花有别于汪士慎的密枝繁花、高翔的疏朗秀逸，自有面目。罗聘的梅多曲枝，画面变化丰富，干枝刚劲，婀娜多姿，动感强烈，充分展现心中之梅的美。

在中国书画史上，以手指当笔者不多，万上遴是佼佼者。他尤善作指梅，别开生面。万上遴的人生也多有不如意，数次应试，只考了个拔贡。仕途无望，专心于画事，善画山水，林壑深邃，有尺幅千里之胜。其指画梅花《墨梅图》，从粗干到细枝全从指出，树干同样用的是双勾法，但树干的阴阳面，均是用指尖涂上去的淡墨，接着又用重墨点苔。嫩枝直接用指尖划出，刚直健劲。花蕊也用指头随意勾出，浓淡墨飞扬纵横。

墨梅图 （清） 万上遴画

墨梅图 〔清〕 蒲华画

整幅作品墨气弥漫，层次丰富厚实，万玉琼花，密实处花簇花拥，针插不进，疏朗处隐现着几个似花的墨点，活生生的梅林一景。

万上遴跻身画坛，在当时就很有影响，许廉使曾称他"双清心迹高徐孺，三纪才名老郑燮"，将他放到郑板桥的行列之中，可见对他的崇敬和抬爱。

清中晚期，中国书法史上发生了如造山运动般的巨大隆起，碑学大兴，帖学渐微。伴随着碑学理论的逐渐成熟，强化金石味道的绘画元素便成为画家绘画创作时新的艺术资源。

蒲华本秀才出身，多次参加乡试，并做幕僚多年。如此经历，使得蒲华书画烙下了楷书的深深印记。但蒲华是一个聪颖绝顶的书家，截断众流，在碑学大行其道时，他承帖学精华，并注北碑稚拙，有意无意追求书法古拙、质朴、敦厚的表现意趣。同时，也保留自身书法飘逸流畅的特点，形成了其独特的艺术风貌。

蒲华和吴昌硕相交达40年之久，浦华是吴昌硕绘画上的老师。其实他俩之间亦师亦友，其艺术主张和意趣追求相近，在书画作品中可以看到他们的共同追求：个性鲜明，浑厚古拙，气势磅礴，笔调多有金石之气。而以书法作画，乃是他们绘画的重要特色。余杭博物馆藏的《墨梅图》，自上而下，笔势酣畅，纵放自如，古朴苍茫，兼取草书的自由率意，浓郁的金石之气扑面而来。在构图上，蒲华往往以势取胜，基本上采用从左下到右上，或从右下到左上的斜面对角布局，左右穿插。题款多作长行，以增添画面布局的大势，巧中见拙，拙中取巧。

在用色上，古艳斑驳，酣畅淋漓，沉厚浓丽，不露清新平薄之态，更不落粉脂浓艳之俗，装饰趣味强烈。现藏于嘉兴博物馆的《老梅图》，画面中间两株老梅扭曲变形，展示出饱经沧桑的风貌。石头轮廓以浓墨勾勒，淡墨皴擦，使石头的质感坚实凝重。以圈花点蕊的方式画花朵，红白梅花相间，整个画面浑厚质朴，不管是形态造型，还是用色用墨上，都形成了强烈的视觉冲击，产生出奇特的效果。

到了晚年，浦华表现得更多的是恬静的心态和返璞归真的童心。他于 1908 年和 1909 年创作的两幅《梅花图》则更为曲折狂诞，刻意张扬，令人惊惶，更使人着迷。画面中的梅树独立，与墨石相伴，已无前期花卉的热烈奔放和想象延伸，同时也看出他暮年的凄凉与孤独。

浦华生活的时代正是海派成熟期，在这样的背景下，他的艺术有其时代的共性；又因其怀才不遇，生活落魄，性格随性率真，行为豁达，其画风又体现出狂放大气和率性而为的鲜明个性。经过岁月淬炼，他的作品越来越受到世人的推崇。

"四君子"题材为历代文人墨客咏唱图绘，留下不少名篇佳作。吴昌硕作为晚清文人画家，亦非常喜爱梅花。他植梅、爱梅、诵梅、与梅为友，从画梅中缘物寄情，死后还安葬于有十里梅花的超山，一生与梅花结缘。

1864 年，20 岁的吴昌硕和父亲结束四年的逃难生活回到这里，盖起茅屋，开辟芜园种植梅花 30 多棵。他时常同师友一道踏雪赏梅，闻香观梅，对梅写照，兴趣盎然。吴昌硕自己曾说："三十学诗，五十学画"，其实早在 1873 年他便由乡贤潘芝畦启蒙学画。潘芝畦以飞白笔法扫画梅花枝干，他随之学画梅，日后虽取法多家，并以金石意味自成一大家，但笔法总还是不脱"扫"的痕迹。

"锄梅引春气，种菊待秋暮。"吴昌硕和他的父亲在芜园度过了 9 年的耕读生涯，无疑梅花的品格种在他的心田，沁染他的灵魂，他把心中所向往的用画笔吐露出来。早期的作品在笔墨功夫上还欠火候，但已强烈地显露出吴昌硕的书画天赋。据统计，吴昌硕写诗吟词的梅花画作，占他画作的三分之一以上，并不乏传世的杰作。吴昌硕画梅最大的特点是常用大篆和草书的笔法画梅，笔墨酣畅，富有情趣。梅枝多以石鼓文写出，坚瘦挺拔，有如铁铸，傲骨铮铮。吴昌硕注重梅的气势，捭阖纵横，疏密有致，焦墨枯笔，顺逆来去，横枝纵丫，曲直苍劲，时而欲探水揽月，时而欲凌空飞去。吴昌硕题梅花诗云："十年不到香雪海，梅花忆我我忆梅。何时买棹冒雪去，便向花前倾一杯。"吴昌硕画梅，虽着墨不多，却笔走龙蛇，飞墨点点，一片苍凉气象。此外，吴昌硕画梅常常画石。他说："石得梅而益奇，梅得石而愈清。"他画梅经常不着色，几枝红梅高耸于岩石之上。既表现了梅花的美，又传达出画家、诗人的情怀。

齐白石画梅，深得徐渭、八大、金农、

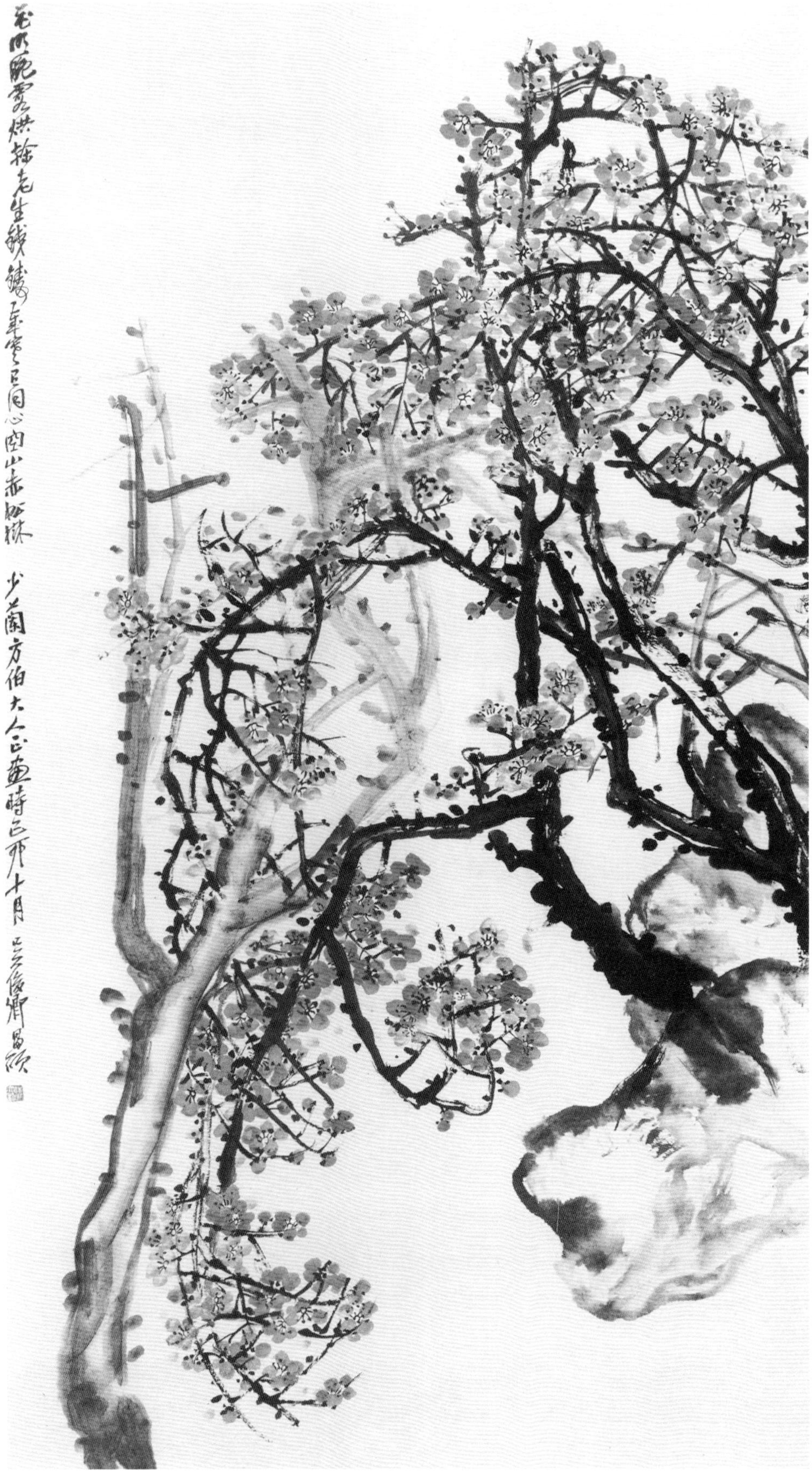

红梅图 （近代） 吴昌硕画

黄慎、扬无咎、吴昌硕等大家的真谛。在历代大师的绘梅画作前，他曾感叹："画梅秀劲独扬补之，奇特独尹和伯，苍老独吴缶庐，此三君皆绝伦，吾别无道路可行矣。"后来，他将大写意画法与梅花之自然形态结合起来，创造出风格独特的梅花而彪炳美术史。

愿做青藤、八大、缶庐门下走狗的齐白石，一生的梅花画作多达数百幅，其中有一幅四色梅花图卷，格外引人关注。此图是 20 世纪 30 年代初所作，齐白石 70 岁左右。这段时间，齐白石安居跨车胡同 13 号，其个性和艺术风格已趋于成熟和稳定，声名渐佳。此卷四色梅，为红梅、墨梅、蜡梅、绿梅。通观图卷，布局疏密有致，枝干交错，开阖自如，生花点虬，浑然天成。行笔以篆法写枝，力挺遒劲，法严笔慎，雄浑苍朴。梅花的四色，着彩淡雅，艳而不俗。一枝红梅以涩笔重墨画枝，枝干绵柔，充满生气，以没骨朱砂写花朵，朵朵生动，花蕊则以墨点出。朴拙而变化丰富的笔法与鲜艳而深沉的朱砂融合为一体，颇具吴昌硕之意蕴。

其中的墨梅，格调清雅，平淡天真，花瓣以水墨深浅来表现，不工不率，枝柔而挺，花密而匀，率性而有水墨韵味，内藏扬无咎的笔墨基因。白石老人曾用多年学扬无咎墨梅画法，他曾在一幅画的题跋中称："以吾国画史论，画梅乃推扬补之独步。"在这幅图卷上，齐白石题有两柱长跋，一是："东风随意到深林，吹放枝头出色新，千万紫红论心骨，梅花到底不

骄人。萍翁题。"二是："今古公论几绝伦，梅花神外写来真。补之和伯缶庐去，有识梅花应断魂。欲为梅花尽百瓯，但恨难将插上头。借山吟馆主者制并句。"从章法上看，两段题跋穿插在梅花之中，在构图上起到了调整节奏、舒缓起伏的作用。

齐白石喜欢画梅花，这跟他对家乡的感情密切相关。他年轻时曾典租过一处叫梅供祠堂的居所。房屋周围种满了梅树，他称之为百梅祠。在《题画梅》中还写道："疏影黄昏月色殊，老来清福羡林逋。此时正是梅开际，老屋檐前花有无。"他又在另一幅梅花图上题诗曰："小驿孤城旧梦荒，花开花落事寻常。蹇驴残雪寒吹笛，只有梅花解我狂。"齐白石的梅花也很有特点，深受吴昌硕影响，在技法上以凝重的金石笔法画枝干，以浓艳的洋红点花朵，在意境上多为缘物寄情，写物附意。画家画梅，也是喜其象征意义。

古人言，梅有四德，初生蕊为元，花开为亨，结子为利，成熟为贞。后人又有另一种说法，梅花五瓣，是五福的象征：一是寿，二是富，三是康宁，四是好德，五是善终。民间也常将梅花作为迎春报喜的象征。从绘画史上看，历史上许多画家都在除夕作梅花图，以示报春。

1947 年的除夕，白石老人兴致突起，欣然展纸、挥笔畅达，绘就一幅梅花图。只见画面上，树干由下而上，斜向挺立，梅枝平行呼应。数朵红梅花开，水润欲滴，一片生机盎然。两只八哥相对而语，互诉衷肠。画面构图简洁，梅干与梅枝成交叉

之势，使画面简而不空。在墨色处理上，梅干和梅枝都用淡墨，两只八哥却用的是浓墨，题款的墨色又稍淡一些，整幅画作墨色丰富。在除夕画梅，正是将梅花作为报春的信使。

说起中国画，它有门槛和自家的看家本领，那就是画家们常说的笔墨、章法。章法可以从书上学到，造型也可以学，唯笔墨，只能自己练，不能学。我们看齐百石、潘天寿的画都很简单，要学似乎很容易，八大山人的画更简单，看上去似乎更易把握。可纵目画坛，多少年来能有几人与之比肩而立？简洁的画面，看似简单，几下笔墨的造型，似乎容易学到，但深入下去，就那么几笔，可学一辈子也不一定能得要

领。那是功夫，那是笔墨，那是学不来的，只能练，只能用一辈子的时间去练。

横视当今画坛，画面构图新奇、造型超怪的却是多之又多，正如黄永玉老先生嘲笑的那样"大师不如狗，大师满街走"，那满大街的大师却无一人能与齐白石、潘天寿匹敌。究其原委，笔墨功夫矮一截也。从这里得出一个既浅显而又深刻的道理，醉心于造型的稀奇古怪，或者工细到纤毫毕现，构图怎样异想天开、光怪陆离，泼墨泼色怎样幻觉幻象，玩的都是肥皂泡沫。直白说那简直是不得要领。真要领者，笔墨功夫也。不知笔墨，毕生经营造型构图，千变万化，有的可能能唬人骗人一时，待两鬓斑白，终其一生，忙忙碌碌，却没

玉洁冰清 （近代）齐白石画

摸到中国画的门槛。

笔墨如能超凡入圣，即便一石一草、一花一木，看似平淡无奇，笔墨功夫放在那儿，自有光芒四射，自令无数人折服。

潘天寿艺术的可贵之处，在于他大胆的创新精神。他说："荒山乱石、幽草闲花，虽无特殊平凡之同，慧心妙手者得之尽成极品。"

他的绘画创作以大笔粗线为主，是"大写意"。综观他的作品，他用笔既果断又强悍，干练而有控制，具有雄健、刚直、凝练、生涩的特点。他深入体会和吸收了古人的笔墨精华，尤其在气势和力量方面创性地发展笔墨传统。他曾说："吾国绘画，以笔线为间架，故以线为骨。骨须有骨气。

骨气者，骨之质也。以此为表达对象内在生生活力之基础也。"他这里所说的"骨气"主要是指笔线中表现出来的气势和力量感，是由可视的线条所体现的精神气质。他作画喜用硬笔，用笔侧中有正，正中有侧，线条以刚直为主，弧线很少，转折处往往成方形转角。所以他的笔线给人的感觉，是刚正劲健，有棱有角，特别见骨。但是，他的直线又非率直，而是直中有曲，行笔多顿挫，笔锋多转折，如垂壁漏痕，随行随止；方转亦非直角，而是方中有圆，刚劲、柔韧，如折钗股，虽变不断。直与曲、方与圆、行与止、坚劲与含蓄等因素统一在线条中，比那粗率浮躁的笔线内在有力得多。他的线条，大多用浓墨甚至焦

梅月图 （现当代） 潘天寿画

墨作线，线条往往很粗，粗黑的墨线画在白纸上，笔笔清楚，浓重醒目。有的大画甚至整体无一笔淡墨。他的画往往不用渲染或少用渲染，营造出画面清爽明快、对比强烈的效果。他的笔线边缘不整齐，粗细有变化，枯湿浓淡，飞白烟化，其线条本身具有复杂的意趣，厚重而丰富。形象地说，他所作的线条，看起来像粗粗细细锈痕斑驳的钢筋铁骨，即使几朵梅花、数笔小草，也坚硬如石凿铁铸一般。

1966 年潘天寿画了一幅《梅月图》，这是他最后一张大画。在几乎正方形的纸上，一株粗大老梅的虬枝铁干成"S"形横过画面，成为画的主体，他用了很多笔墨着意塑造了树干的苍老刚劲，而只在树梢上画了几朵小小的淡红色的梅花，很不引人注意。在那花的后面，却画了静夜的圆月和淡墨染成的夜空，环境是那样冷峻，然而又有一些温暖，微微暖黄的月色和稀少而娇艳的几朵梅花。自然的力量不可躲避，冰刀霜剑的严重摧残，通过梅树粗干上的疤痕强烈地表现了出来。树梢上的几朵梅花静默无声，却用生命在展示战胜艰难的乐趣。这种寒冷幽湿的气氛，衬托出生命的顽强，更衬托出生命的美丽。他的画动人心魄，那股扑面而来的傲骨雄风，逼人胸襟，沁人心底，横扫灵魂深处虚浮、懦弱、庸俗、鄙琐的情感压迫。他的画是对生命的赞颂，是对力和美的赞颂！

在中国近现代美术史里，张大千是一位绘画天才，山水、人物、花鸟无所不能，无所不精。有人给他写传记甚至称他为画坛皇帝。他出生的家庭虽不算富贵，但也是书香门第。他从小就随着母亲和哥哥姐姐们学习吟诗作画，十岁就能协助母亲绘制花卉人物。后来张大千的山水、人物、花卉在画坛的影响越来越大。他最钟爱画的花卉是梅花，既有工笔也有写意，他的梅强调梅的骨力和格调。他痴恋梅花，崇尚梅花，画梅、爱梅、种梅。

1971 年在异国他乡，这种情怀也不改。当年他购买了美国旧金山一处旧屋，拟拆除改造，四处寻找最能体现文人风骨的园林景观树木。踏破铁鞋，终于在一华人的旧宅找到中意的梅树，他喜出望外，不惜重金购得移至园区。好朋友得知张大千如此爱梅惜梅，纷纷购梅树为贺，恭祝他乔迁。张大千重情重义，朋友们送来的梅树，就用他们的名字来命名纪念。一时间宾朋纷至沓来，梅树汇集成林，俨然一座"东南小梅园"。张大千每日都在梅林中散步，观梅、赏梅，然后画梅。梅花生发在他心田，安抚他的灵魂，使唤他的笔墨。

张大千一生画梅在百幅以上，每幅画作都是从不同的视觉构图表现出梅花的傲骨风采。谈到画梅的技法时张大千说，画枝时，须先留好花的位置。如果用水墨，那就要拿粗笔淡墨，草草勾出花的大形轮廓，然后用细笔轻勾，在有意无意之间，才见生动。如果着色，就先用细线条勾成花瓣，拿淡花青四周晕它，不用着粉，自然突出于纸上，并兼有水花月色的妙处。若用胭脂点蕊，那就不必用花青红。

张大千说，画梅第一是勾瓣，第二是花须，第三是花蕊，第四是花蒂。这里面尤其是点蒂最难，正好像南朝宋刘义庆所说的："传神写照，正在阿堵中。"

张大千认为，梅有四贵：贵稀不贵繁，贵老不贵嫩，贵瘦不贵肥，贵含不贵开。

"朔风吹倒人，古木硬如铁。一花天下春，江山万里雪。"梅花的香韵一向令人倾倒，它浓而不艳，冷而不淡。梅，铁骨铮铮，正气浩然，傲雪凌霜，独步早春，这样的精神气质使它被誉为中华民族之魂。因此，梅花多为古今诗人画家，借以状物抒情，表达志愿。

如果说张大千的梅花是肆意生长的狂野之梅，那么王雪涛播散的则是典雅之梅。纵观王雪涛数百幅梅花画作，有鲜明的个人风格特点：

疏朗静雅。无论是过丈的巨制，还是不到一平尺斗方小品。王雪涛大都画一两枝梅花，其余地方大片留白。整个画面，空灵清逸，不火不躁。疏朗俊秀的几枝梅优雅而宁静地傲立在天地间，枝条上着花也不多，疏星点点，这是雪后初晴，还是

《雪里梅花更精神》　张展欣画　李乾元题　144厘米×367厘米

风霜刚退，大地萧瑟，空旷苍凉，只有梅花不惧这一切，顽强地在这样的环境里生存。王雪涛通过塑造梅花形象的表达来震慑观赏者的灵魂，让其驻足，让其匆匆的步速慢下来，宁静致远，耐得住孤独，守得住寂寞，等到花开季，笑迎春天。这是王雪涛的用心和追求。

晶灵祥和。王雪涛对待生活总是乐观的，他的画作处处都显示出其乐观开朗的人生价值取向。他笔下的梅花常与瑞鸟珍禽相伴，禽鸟或驻足枝头，或穿行其间，或嬉戏花下，在这里梅花奉献出枝干，像用臂膀托举、呵护这些小精灵，温馨而祥和，让人亲切地感知世界的美好。即使在

冰雪严寒的季节，也能让人体悟春天的温情，从而打破明清时期画梅那种孤高冷傲的意境表达。

借景寄情。王雪涛常常借景寓意，表达无限美好的情思。画雪中之梅，常把背景渲染得如真如幻，别有一番情趣。他1972年创作的《咏梅》，画面中3枝梅干都从左侧冲出，一枝粗干直冲云霄，另外两枝相伴向下，整体成"S"形构图。枝头上着花不多。特别是背景那悬崖上倒挂的冰柱，仿佛是万年冰川的定格，无比厚重。巨大的悬崖下一股寒气迎面袭来，在如此寒冷严酷的环境，红梅傲骨凛然，笑得那么灿烂。画作给人以顽强坚韧的力

量鼓舞和心灵震撼。无疑它是那时代梅花画作的经典。

笔精墨妙。在创作中王雪涛十分注意笔墨的各种表现、画大干时，中锋、侧锋、顺笔、逆笔、随性发挥。笔下的梅干既遒劲老辣，又充满活力。尤其是他画中的梅枝水灵灵的，坚韧而富有弹性，处处勃发着生机。他的花朵水墨控制精微细致，灵动活现，花蕾吐芳，竞相斗艳，花朵乍开、灿然露笑。正如恽南田所言："心忘方入妙，意到不求工。点拂横斜处，天机在其中。"他用墨更是灵活多变，信手拈来，主干用重墨，辅干施淡墨，主干用枯笔，辅干则用湿笔。干湿浓淡，任意挥洒，其变化之丰富，墨色之灵动，技法之高超，既可看到前人的笔墨精髓，又可感受到王雪涛的创造。

总的来说，王雪涛的梅立意高深，笔墨精到，虽静雅，但不孤芳自赏，虽秀丽，而绝非俗媚。他以非凡的传统功力，变化丰富的笔墨，清新隽永的画风载入梅花谱，自二十世纪六七十年代以来，无人出其右而彪炳史册。

在当代美术史中，关山月的贡献是多方面的，最突出的贡献当是他的梅花。"关梅"以他特有的符号跻身梅花画史是经得起考验的。说起关山月画梅，要说到他一生与梅结缘。

关山月出生的村里就种有红梅和白梅，附近又有一片老梅林。他常随父亲一起到梅园一边劳动，一边赏梅，领略"疏影横斜""暗香浮动"的意境，感悟梅花"凌厉冻霜节愈坚"的性格和"神清骨冷无尘俗"的气质。通过眼观手摹，他将梅花的形态与特征深深地储存在脑海里。在他笔下，梅花风姿绰约，仪态万千，或疏朗瘦健，俊俏孤傲，或明鲜繁茂，坦荡大气。

关山月师古而不泥古，集王冕、陈淳、徐渭、八大、石涛、金农等诸大家的笔法，"画有古意，未必不新"，笔墨紧随时代，愈到晚年技艺愈纯熟，境界愈深远。"文

革"中，他因一幅梅花画作被批判，下放至干校。70年代初，关山月重拾画笔，他把以前的墨梅改为红梅，且枝繁花茂，冲天怒放，以寓社会主义欣欣向荣、蒸蒸日上之意。从年龄上讲此时他正值花甲，60年风雨人生路，心中自有一杆秤，不为时风所左右。他笔下的梅热闹不流俗，繁密而高洁，得到画界的肯定。著名作家端木蕻良曾说："看关山月的梅花，便觉有一股火热的生机扑人眉宇。"

关山月1973年完成的梅花力作《俏不争春》，用画笔形象地诠释了毛泽东《卜算子·咏梅》的词意。画面用夸张的手法把梅花画得蓬蓬勃勃，密而有秩，密且

《俯仰人间春色》　张展欣画　李乾元题　144厘米×367厘米

有韵，繁密灿烂，并没有挤迫感，反而给人以无限生机之感。梅枝坚挺向上，红花鲜艳欲滴，绚丽震撼，磅礴的气势凸显梅的俏丽。一花知春，从"俏"中烘托出整个春景，从前人不曾有过的视角展现"俏也不争春，只把春来报"的意境。此画一出，被日本《读卖新闻》评为世界名画，并在该报以整版的篇幅，刊登在《世界名画》的专版上，赢得了文化艺术界一片喝彩。

1987年关山月为人民大会堂创作了巨幅国画《国香赞》。在672厘米×300厘米的画面上，关山月善于谋篇构图，老梅横斜，枝干粗壮，墨色浓淡相宜，厚重润泽，梅枝铮铮铁骨，坚韧无比，错落有致，避

让得当，红梅与墨梅交相辉映，梅枝触着陡壁，气势横空，摄人魂魄，河水从枝下流过，激人情怀，画面宏阔磅礴，震撼天宇。"铁骨傲冰雪，幽香透国魂"，作品以苍劲有力的行书题款更增添了画面书写的意趣。"画梅须同梅性情，写梅须具梅骨气。"关山月在画梅时完全将自己的生命融入梅林花丛中。

关山月喜画梅，并以画梅著称，且大多有巨幅作品，气势恢宏，构图险峻而气韵生动。他笔下的梅花枝干如铁，繁花似火，雄浑厚重，清丽秀逸，笔墨俱佳，无愧为当代画梅第一圣手。

当然关山月不仅是画梅，也画过不少

《香中别有韵》　张展欣画　李乾元题　144厘米×367厘米

山水，若论对美术史标志性的贡献当数梅花。然而陆俨少在山水方面的艺术成就世人尽知，他在主攻山水之余，其在花鸟，特别是在画梅方面所作出的贡献亦应引起重视。他的梅石题材颇有特点。

从创作时间上看，陆俨少梅花要晚于山水许多年，从目前存世的画作看，最早于70年代初期，到70年代末期直到去世前一两年，画了大批量的梅花作品。

从作品的风格上讲，早期的梅花题材作品笔墨比较工整，到后期笔墨随性放得开一些。纵观陆俨少的梅花，有一个最突出的构图特点，那就是在一幅画作中往往都有一两块石头与梅花相配。画面简洁空灵、高古，点与线、虚与实，幻与真出神入化。花枝花瓣通体气势生动，若行云流水，浩渺弥漫，为当代水墨韵致的经典。画面题款多是唐宋诗人或自作的五言、七言咏梅的诗词。梅与书法、诗词相映成趣，彰显出文人画的传统审美意韵。树干、粗干一般用双勾法，小枝用没骨法。老干与嫩枝穿插自在。从中不难看出他取法陈洪绶和石涛的笔墨基因，融入自己的理解和创造，梅花树干造型取法陈洪绶，但用笔有些不同，陈洪绶纯用中锋，陆俨少则以中锋为主，侧锋为辅，浓淡干湿，故线条

变化多，表现力更强，笔迹也比陈洪绶厚重。梅花的花瓣取法石涛，但他又不尽相同，石涛通常用两笔勾成一朵花瓣，而陆俨少一笔勾成，或画成一个圆圈，把梅花圈得饱满圆阔而大气。他深深理解古代光华和尚画梅的要诀："圈花瓣稍圆而已"。画花萼亦不同于前人的一朵花要点好几个点，他只点一点或两点，明显比古法概要。在用色方面，他更是简洁明快，常在花瓣周围渲染上花青色，树干和石块用淡赭石色，或加少许墨平涂。也有些梅石图，以墨代色。

与关山月同时代的画梅大家，还有山东的于希宁，他笔下的白梅，铁骨冰魂，奇逸纵横，雪蕊吐芳，格调清奇，如同他刚挺高洁的品格。其红梅高古雄奇，冷艳出尘，气韵丰沛，灼灼如火，俨然是他那颗痴情、炽热的艺术之心。于希宁把传统的君子文化赋予梅花，并将文人情愫倾注其中。

于希宁的梅花，从传统走来，内有元人的基因，更多的还是自己的探索，他十分注重梅花的气势，笔墨老辣，墨气淋漓，有时你会看到画面梅枝盘转缠绕，有点怪，不合常理。这正是于希宁有意为之。于希宁不仅单纯地描摹梅花的形态，而是赋予

《雪里香梅先报春》　张展欣画　李乾元题　144厘米×367厘米

其不同生命状态下的内涵表达，其形态或清奇、或峻峭、或高古、或秀逸、或雄健、或苍润。其图景有"傲骨迈雪""龙梅霜雪""雪海香魂""巫岫老柯""老龙蟠舞""梅月空谷"等，百树百姿。它们共同托载起于希宁的梅花艺术，共同塑造出梅花的精神和风骨。于希宁不仅画梅，还专为梅花创作了大量的诗文来寄托自己的情怀，"我念梅花梅念我"，梅已成为他艺术生命的主调。于希宁说："梅花是我们的国花，它不同于一般的花草，梅的精神气质，玉洁冰清，铁骨铮铮，使人油然而生敬意，把梅花画得颓废是不可能的。我觉得梅花的气质尊严和我们民族精神一脉相通，我要画出这种精神！"他将梅魂与人魂、国魂交融，达到"三魂共一心"，这是一个艺术家人品与画品融合的最高境界。

第六章 ❀ 装饰之梅

铁骨生春　张展欣画 李乾元题 367厘米×144厘米

　　梅花，是我国的传统名花，有着悠久的历史和广泛而深远的影响，其形象频繁地出现在唐宋以来的文化艺术作品里，这是任何其他花卉所无法比拟的。梅花作为一种装饰性的文化符号，也涵盖到人们现实生活的方方面面。她形象优美、纹样丰富、内涵深刻，不仅具有令人赏心悦目的装饰功能和审美价值，而且体现着华夏子民的民族性格，蕴含着封建士大夫们的人格意识。

　　在不同的社会历史发展阶段，受时代诸多因素的影响，梅花纹的装饰含义和被赋予的社会性也是不尽相同的。纵观梅文化的历史，梅花纹装饰的内涵反映出那个时代的精神需求，也是和那个时代审美相吻合的。

　　首先，是人们的情感需求与梅花的生物性高度契合。梅花吐芳于严冬、顶风凌雪的天然属性，使她一直是中华民族坚毅刚强、不屈不挠、勇往直前伟大精神的寄托和象征。历来文人士大夫们借梅花来吐露自己的心扉和情感追求。先说盛产诗人的唐代，梅花自身的形象和独有的特质，广被文人雅士所推崇，其人格化的精神被当时的文人墨客视为超凡脱俗、孤高自赏的象征。宋代是梅文化发展的鼎盛时期，在这方面无论诗词歌赋，还是绘画都达到了史无前例的高度，尤其有梅花纹样的"岁寒三友"图案使用的广度和深度，登峰造极，同时还产生了许多著名的梅花典故。元明清三朝，许多文人雅士与梅形影不离，甚至终身为伴，他们从梅花身上得到精神上的抚慰，而成为那个时代精神的创造者和富有者。

　　其次，梅花的吉祥寓意暗合着人们的祈福诉求。梅花纹的装饰含义在宋代已得

到充分的发挥和扩展，文人士大夫们不遗余力地推广传播。梅文化在民间生根、发芽，并延续至元、明、清各代，几乎都是"图必有意，意必吉祥"，出现了不少梅花纹与其他纹饰的组合形式。陶瓷上的梅花纹饰作为吉祥的象征更加明显。"愿借东风吹得远，家家门巷尽是春"，时代的脚步从来没有停息，梅花纹饰的含义也在

不断丰富和发展，不断满足人们的祈福诉求。往复循环，一步一步地推高，使梅文化在装饰艺术上的完美度日渐丰盈，不仅仅体现出梅花天然的姿色神韵和器物制作时工艺精美的审美价值，更注重的是通过梅花主题构图的寓意来丰富人们的生活。梅花五瓣，单朵做饰纹，象征五福；梅竹相伴，则寓意多子多福；梅花配茶花，则

寒梅自照太古雪　张展欣画 李乾元题　367厘米×144厘米

是"新韶如意";梅花配荷花,取谐音寓意"和和美美";牡丹、荷花、菊花、梅花四时花卉,象征春安夏泰、秋吉冬祥,一年都如意;梅枝上立喜鹊,则寓"喜上眉梢"之意。总之,梅花无论出现在哪里,她都有着独特的内涵、丰富的寓意。

再次,日益完美的梅花纹饰内涵顺应了人们的精神需求。人们对物质追求的欲望相对来说是比较容易得到满足的,而精神追求是无极限的。正如雨果所言,比天空更广阔的是人的胸怀。人们对精神的追求远远超越凡俗。在一定的环境下生活,几十年的人生征途,人们总会遇到挫折和逆流,遇到意想不到的打击和磨难,这时需要更强大的精神支撑。而梅花这种内化和外延的符号所释放出来的精神象征力量，正是人们长久企盼和渴求的。

总之，不论是梅花纹饰的情感象征，还是吉祥寓意，其内涵与外延都在时代挟裹的洪流中不断丰富和发展，不断被用于装点人们的生活，并在各个领域、各种器物上，各尽其用，从多角度、多层面来构建梅文化雄伟广博的摩天大厦。

本章从十个方面来论证梅文化的应用，每一个方面都是一个从古到今的梅文化主题公园，徜徉其间，视觉上能领略到梅花的千姿百态；触觉上能感知梅文化的时代热度；嗅觉上，同样能闻到梅花的清香；味觉上能品尝到梅花、梅果的美味，撩拨味蕾的兴奋神经。

那么，好吧，我们先去逛逛陶瓷主题公园。

唐菱形三彩陶罐

（一）陶瓷上的梅

用泥巴烧制成器物，这是老祖宗的天才创造。新石器时代，华夏大地上已产生了制陶技术，不过最初的陶器只有使用功能，而没有多少观赏价值。

人类精神、信仰的追求往往促成文明的进步。文人墨客们的情怀在盛唐得到广阔的施展空间，儒释道、宗教文化日益感染着文学创作、绘画、雕刻、制陶等艺术的走向。这期间色彩斑斓的陶瓷装饰艺术大放异彩，陶瓷制品在造型、装饰、釉色烧制等方面都取得了很大的成就。被称为世界工艺珍品的唐三彩制品，选用梅花作为装饰纹的也有许多。梅花纹主要以釉色作为装饰手法，利用彩釉流动性的特点，营造出特殊的变化效果。也有用钴蓝彩料打底，用刀剔出梅花纹样的，但大都是以朵花的形式排列装饰为主。若从整个梅饰文化的艺术史考察，唐代陶瓷的梅花装饰形态比较单一，尚处于初步阶段。

宋朝在历史的档案里只有100多年，还曾迁都于一隅，可在文化艺术方面曾经璀璨辉煌，为后世留下许多不朽杰作名篇。陶瓷艺术发展到宋代已走向成熟，装饰手法丰富多样。梅花作为独立的装饰题材，在宋代的陶瓷中已很突

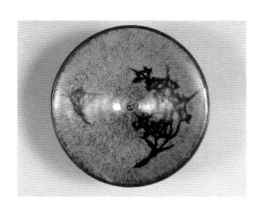

唐吉州窑剪纸贴花梅花纹碗

唐吉州窑剪纸贴花梅花纹碗

出，其装饰手法有刻花、剔花、印花等。在众多名窑当中，使用梅花作为装饰图案的以吉州窑最具代表性。从现存的吉州陶瓷中可以看到，梅花装饰运用很广，碗、瓶、罐、炉等窑器型上都有。这个时期，陶瓷上的梅花纹由图案开始转向绘画形式，由朵花图案转向折枝梅，出现了梅花画谱。这一变化，显然是受到了文人画的影响。

元代虽存世时间不长，可在陶瓷领域也有很大的贡献。元代以青花名世，饰纹粗犷豪迈，神采飘逸。这个时候青花装饰技法已日趋成熟，梅花纹饰也由此进入了以绘画技法表现为主的时代，出现写意梅花纹，既率意天趣，又有很强的装饰性，极大地增强了画面的表现力。

中国的瓷器发展史上最壮美的一次邂逅——青花遇上了釉里红。当釉里红如霞光初照陶瓷业的时候，横击传统的印、刻、划、堆等技法，成为时代宠儿。喜新厌旧的欣赏主体随众流而拥新宠，青花釉里红兼有青花瓷的明净素雅，釉里红的深沉浓艳，备受人们喜爱。而梅花装饰也和春天遭遇了，其时风拂水起，顺势而长。从元代后期开始，"岁寒三友"纹大量涌现，成为青花釉里红纹饰中最为常见的主题。

明代近300年的历史当中，陶瓷纹饰注重大势，梅花纹饰仍以青花为主，洪武时期以写意变形相结合，绘画严谨工整。梅花纹饰绘画多以小笔细作，突出书写的笔触感，到明中期，成化、弘治、正德三朝，装饰技法以双线勾勒为主，明晚期，陶瓷梅花绘画在釉下彩绘和釉上彩绘技术技法上的进步，带来前所未有变化。斗彩，釉里红和素三彩相继用来表现梅花，使得要表现的物象能得到更充分的展现。如釉里红梅花纹，青花地空心梅纹，五彩梅花纹，点染梅花纹等。特别是梅花纹组合形式和变化样式逐渐增多，其松、竹、梅三友图，更加丰富了梅文化的深刻内涵。如现藏于南京博物馆的釉里红松、竹、梅纹盖瓶；现藏于天津市艺术博物馆的釉里红松、竹、梅纹罐，现藏于北京故宫博物院的青花松、竹、梅大盘等都是最好的物证。

江月映梅　张展欣画 李乾元题　367厘米×144厘米

　　清代的瓷画风格总体是，追求严谨细腻，典雅清新。雍正珐琅彩梅花纹饰精细生动，色彩丰富，精美绝伦，雍正的粉彩梅花纹饰其绘制工细入微，特别讲究，色彩品种丰富，变化无穷，不仅有白地彩绘，还有红地、黄地、绿地多种。在彩地上进行各种各样的绘制，从而增加了表现梅花纹饰的手法和层次。

　　康熙黑地素三彩，梅花以低温黑彩做地釉，绘制时，留出勾边白色的朵梅，用黄彩点染花心，用墨线勾蕊，色彩丰富而有变化，纹饰效果极佳。清朝梅花纹饰以珐琅彩、粉彩为主，表现手法多样，达到极盛，至今无可复制。从技法上讲，多以工写实，不厌其细，色彩娇艳；从构图上看，注重梅花花纹的多重组合，形式上以传统构建为主导。装饰手法不计其穷，尽显匠师智慧，巧夺天工，为后世留下了一笔无法用货币数量单位来衡量的物质财富和精神财富。

　　纵观古今陶瓷发展历史，梅花题材在陶瓷装饰中的广泛运用，其工艺技法大致有以下几种：

　　一是刻划工艺。这是一种古老的陶瓷装饰技法，在陶瓷已干或半干的坯体表面上，将梅花图案用竹制或铁制工具刻划出来。在宋代的瓶、盘、碗等瓷器上，有很多的梅花图案，就用这种技法刻划出来的。盛开的梅花花瓣或枝干同莹亮的釉色，细润的胎质，巧妙地组合成整体，使一件器

物既具有实用性，又有很好的装饰效果，还有广泛深厚的艺术欣赏价值，无疑是天工神造，举目皆尊。

二是剪纸贴花装饰。把梅花纹饰加工成剪纸的形式，贴伏到陶瓷坯胎上，施釉后轻轻把纸花剔除，然后进窑烧制。这种变化均衡，素雅纯朴的梅花纹饰，渗透着中华民族最基本的文化特征。

三是模印花装饰。把梅花纹饰加工成模印工具，在未干的器物坯体表面压印出凹凸的纹样，再施釉烧成。这种装饰工整规范，且别有一番艺术效果。

四是堆塑装饰。这种技法是将梅花纹饰，以浮雕的手法贴附在陶瓷坯胎上，然后罩釉烧制。这种方法，既丰富了梅花纹案的造型和装饰效果，又增强了梅花纹饰的立体感和艺术表现力。

五是镂雕装饰。这种装饰技术是将装饰的梅花纹镂雕成浮雕状，或是将梅花纹饰外的坯胎镂通，成两面洞透的镂空花纹。这种镂雕手法，常常形成坯胎与梅花纹饰的强烈对比，体现出层次的丰富性和立体效果，从而更充分地刻画出梅花的风骨。

六是釉下彩装饰。元、明、清三朝的釉下彩绘就的梅花纹样中，以青花梅花纹为主，也有釉有红梅花图案，以花卉纹为主。元代常见的是梅花与新月为伴，或者与松竹合璧。明嘉靖年间梅花作为瓷画装饰已大量出现。

七是釉上彩装饰。是在已烧成瓷器的釉面上用彩料绘画梅花图案，再入窑在600—900摄氏度的温度之间进行第二次焙烧，釉上彩彩料品种多，色调丰富，纹样稍凸出，操作较釉下彩简便，清代的粉彩梅鹊盘；清豆青釉粉彩地过墙梅花盘都是用釉上彩装饰方制成的。

八是现代摄影、印刷术装饰。将拍摄的梅花影像、书画作品直接投射、打印到器物上，或制成贴花纸，贴到器物上，再入窑进行第二次焙烧。这种技法增强了梅花图案的真实感和艺术表现力，因而被当代广泛运用。

任何的方法、技术都是手段，不断创新达到前无古人

青花釉里红松竹梅纹瓶

的完美的装饰效果,才是陶瓷匠人们永远追寻的动力。现代陶瓷装饰中的梅花题材,不但继承了传统技艺,还创造出不少新的表现形式,除青花、粉彩、新彩梅花外,还运用高温釉综合装饰、指画、剔花等新技艺,把表现梅花的绘画、书法、雕刻等工艺形式融合一体。为达到装饰效果,创造出无数的新样式、新品种,令陶瓷业的百花园,红梅花开朵朵都精彩。

(二)纺织品上的梅

梅花生长在天地间,其"花"却落在凡夫俗子的身上。纺织品与人们的生活休戚相关,无处不在。但由于其自身材料寿命的特殊性,虽然织绣工艺历史悠久,但出土的宋代以前的织绣文物很少,且多有破损。尽管如此,还是能从那些历史残片中找到梅花的图饰。

历史的遗物都在静静地诉说自己。梳理历史的脉络,一种五花瓣花纹在宋以前广泛用于各类装饰之中,后世多把此类图案视作梅花,在自然植物花卉中,五瓣是最常见的花形之一,五瓣朵形未必全是梅花。唐代丝织品有用折枝梅装饰的,出土的唐代纺织品至今极其有限,目前未见梅花纹装饰的纺织品实物。在近30年的有关考古发现中,在出土的宋辽金纺织品中,梅花成了最常见的纹饰之一。1975年在福州北郊仓山发掘的将仕郎赵与骏妻黄昇墓,内有丝织品354件,包括织染烟色提花散点单朵梅花纹罗、褐色梅花罗、黄褐色提花散点单朵梅花罗、棕黄色提花岁寒三友缎、褐黄色梅花璎珞枝纹绫等,另外还有多款梅花纹饰图案的织物。这批丝织品和服饰大部分保存较完好,仅个别碳化,面料几乎囊括古代所有高级织物。同年在江苏金坛发掘的补中太学生周瑀墓,有衣服50余件,其中多件服饰上有提花梅菊折技纹绮。

1988年在黑龙江阿城发掘的金朝齐国王墓,发现了大量完整的、精美的纺织品服饰,这些服饰有双凤朵梅织金锦抹胸,它以满地朵梅为衬托,再织出一排对飞的双凤,

康熙黑地素三彩鹊梅纹天圆地方八角瓶

褐色绫牡丹芙蓉梅花图案

棕黄色缎松竹梅图案

烟色梅花罗镶花边单衣

南宋绢本刺绣梅竹鹦鹉

五排之后，双凤倒过来排列，在变化方向的两排双凤之间饰有三排梅花，其构图活泼新颖，疏密有间，布局均齐。这种构图形式就是在今天仍是时髦的。同时在这批服饰中还有驼色朵梅暗花纹罗，绿地折技梅织金绢（裙），此织物的梅花有两种形式，一种由 3 朵正面盛开的梅花和 7 朵蓓蕾组成；另一种由 2 朵正面、1 朵侧面盛开的梅和 7 朵蓓蕾组成。两种折技梅单独成排，两排为一循环，花的方向也随之变化，上下交错排列，组成四方连续图案。这些梅花图案反映当朝统治者和织造者共同的审美偏好。

1994年在内蒙古巴林右旗辽庆州白塔发现的藏品中有技艺精湛的丝织品百余件，有黄色折枝梅花绫，红罗地绣联珠竹蜂蝶纹和蓝罗地绣联珠梅花蜂蝶纹铺地方帕等。现藏于辽宁省博物馆的南宋绢本刺绣梅竹鹦鹉，图纵27.7厘米，横28.3厘米，系《宋刻丝绣线合壁册》中之一页，该图中梅枝纵横，竹叶掩映，枝上鹦鹉生动，转首下窥，惟妙惟肖。其构图清爽，色彩绚丽，绣工精巧，是难得一见的国宝级的梅花图饰实物。

这些出土的文物就地域而言，从南到北分布广阔，从时间上看，从最早的白塔完工辽重熙十八年（1049 年）到宋咸淳十年（1274 年），前后跨越两百多年，时间和空间都表明，梅花装饰广受喜爱。

从中国服饰图案发展史上看，宋代丝织品花卉的纹样造型，受画院盛行的写生之风影响较大，纹样素材一般直接取源于自然的花卉草木。梅花纹饰以折枝为主，间饰小花，主花写实，枝叶装饰，虚实得当。也有的以梅花缠枝为基本骨架，再配以四时花卉，形成组合图案，谓之一年景。福州黄昇墓中一件用于被面的深褐色朵花绮，将这四种花卉和谐排列成四方连续纹样。同时，宋人也格外崇尚松、竹、梅岁寒三友的内涵寓意，将这三友安排在同一幅丝织品纹样之中。

到元代，中国南方种植棉花已非常普遍，从而丰富了服饰的材料来源。同时，我们也看到元代多样文化的并存

暗香　张展欣画　王东方题　200厘米×129厘米

反映在织品装饰纹样上也多姿多彩，但有一个始终不变的主题是所有装饰纹样都充分体现人们对吉祥幸福的期盼。于是，松、竹、梅伴凤鸟，伴仙鹤等，表现长寿，祥瑞的图案便成了织品装饰纹样中最流行的题材。

而到了明代，织品上装饰的吉祥图案突出的特点是"满"，画面常叠加使用不同的题材纹样，衍生出多样的造型姿态。比如说，2012年江苏省考古队在无锡七房桥发掘的钱樟夫妇墓中，大量的织品美轮美奂，其中花鸟纹襕裙的织绣纹样中，由梅花主导的四季花卉和3种姿态各异的凤鸟，共同构成丰满而有故事性的四方连续纹样，饱满而充盈。明中后期奢华成风，折射到织品和服饰上的纹样更加繁复。北京定陵出土的各种衣服有300多件，饰品图案内容丰富，纹饰繁密，梅花纹饰虽占有一定的位置，但大都淹没在眼花缭乱的各种图形之中。

清代服饰图案工艺繁缛，色彩鲜艳复杂，对比度高。各民族民间纹样与宫廷纹样、外来纹样互相融合，形成各种风格并存、富丽奢华的艺术形式，梅花纹饰以其高贵典雅的象征意义深居其中，早期以各式繁复的几何纹点缀小花朵，古朴典雅；中期构图排列繁密，花形写实。晚期喜用折枝花、缠枝花，花形刻画精致，丰腴多态。

梅花作为服饰的装饰题材频繁出现，从当初文人士大夫们的时尚，到社会大众的最爱，梅文化因广泛深入的传播而日益繁荣，从而丰富了社会生活的色彩和内涵。一种文化，只有真正融注到黎民百姓的日常生活，才能够根系发达，枝繁叶茂，最终成为擎天之柱。梅文化莫不如此。

（三）玉器上的梅

玉，是造物主赐给华夏子民的特殊礼物。中国人使用玉，发源于新石器时代早期，至今有七八千年的历史。玉是天地精气的结晶，人们把玉本身具有的一些自然属性再附着上人的道德品质，价值标准加以崇尚歌颂，这正是华夏传统文化的重要根脉。玉，正是东方精神生动物化最实在的载体。

中国人喜爱玉，看重的不仅仅是玉的天然属性，更看到的附着在玉体上的中国传统文化的人文价值。一件玉器呈现出来的既是天地造物的精心之作，同时又是人生经验和哲理凝聚的可以触摸的实在物体。一部玉文化的发展史，也是华夏文化不可分割的重要组成部分。玉的雕刻纹饰同样是那个时代社会心理、文化意识、价值审美取向的集中体现，人们崇尚梅花的品格和精神，历代的工匠们用灵巧的双手把世人这种喜好转化成器物。而梅花纹饰在玉器上应用至今已有1000多年的历史。纵观玉文化的发展史，梅文化在玉器上"着陆"通常有两种途径。

一是将梅花的枝叶、干、果、根的形，

直接用玉石材料雕琢出来，追求形似。以形达意，以形寄意。金代墓葬出土和传世的玉器比较丰富，其玉花鸟佩是难得的一件梅与玉石文化相结合的佳作。一只吉祥鸟栖息在折枝梅上，3朵盛开的花朵分别置于鸟的两侧，梅叶大小分布自然，构图规整，神态优美，镂雕精细。这件玉雕生动形象地反映金人爱梅之盛和金代玉器工艺之高超。陕西户县张良寨贺胜墓出土的梅花竹节纹玉饰，其花与叶雕刻非常的写实，惟妙惟肖。再看西安市文物保护考古所藏的明代梅花纹玉洗，它以梅花为题材，巧妙构思，将梅花的枝干、花瓣形成网状，包裹着梅果，洗口的周围缀六朵花，花瓣舒展相互映照，花枝、花蕾、花朵、梅果和谐一体，将梅花纹饰的寓意和实用价值表现得淋漓尽致。

现藏在江西省博物馆的明代《梅花形玉饰》，利用玉质材料晶莹通透的特质，将梅花的五个瓣全部展开，雕琢成一件饰物，花瓣的周边饰有一条向内倾斜的轮廓线边沿，把一朵单瓣白梅之花展示得如天工之作，栩栩如生。而藏在台北故宫博物院的清代青玉雕梅干花插，把梅干那种历经风雪磨砺，满身伤痕而仍然坚韧不拔，充满无限生命力的风骨，表现得淋漓尽致。枝干的上部斜生出一根花枝，枝上有盛开着一朵花，还有正欲绽放的花蕾，这正是梅花一朵报春来，万木争荣春常在。

二是将梅花作为一种装饰纹样雕刻到器物身上，同时也将梅文化的内含附着到器物之上，以此来寄托人们美好的愿望和精神追求。如湖北武汉博物馆藏的明代梅花纹玉圭，在长 22.8 厘米，宽 6.0 厘米的玉圭上，工匠们匠心独运，利用玉质材料上天然的裂纹，顺势以浅浮雕的手法雕琢成折枝梅。一枝梅花从左下方向上伸展，过墙，从背面的顶部斜着折下来，在背面的右上角刻上宋代林逋的"疏影横斜水清浅，暗香浮动月黄昏"诗句。将这千古咏梅绝唱的意境定格在玉板之上，无不令人称颂叫绝。

清宫旧藏的清代玉镂雕梅花纹瓶

有一件清宫旧藏清代玉镂雕梅花纹瓶，通高 28.0 厘米，口径 7.5 厘米。从器形上看，呈长扁圆形。瓶体光素无纹饰，瓶身一面镂雕一株老干梅树，老干发枝，干、枝、叶，环抱缠绕于瓶体。其寓意显现，梅御寒开花，象征着不老不衰。梅开五瓣，迎"福、禄、寿、喜、财"五福。所以在明清时期梅花纹样中，这是最喜闻乐见的传统吉祥纹样之一。这件玉瓶采用镂雕，浮雕等雕琢技法，把白泽光亮、玉质纯净的一块天然的石头同"暗香浮动"的梅融为一体，是天地合一的佳作。还有一件同一题材文饰的玉镂雕梅花盖瓶，器物的体形略小，（高 24.0 厘米，口径 4.6 厘米 ×7.0 厘米，底径 5.2 厘米 ×6.0 厘米）但梅花纹饰更有意趣，器底两侧雕琢山石和两株梅树，树干沿瓶体攀沿而上至肩部，细枝上缀饰花朵和含苞欲放的蓓蕾。从整体看，镂雕的枝干粗细相宜，嫩枝与老树伸展有度，互相呼应映衬，树节疤痕逼真活现，花与蕾并茂天然。纹样布局精巧，梅枝装饰与素体的玉，生动自然地结合一体，是宫廷陈设的佳品。

陆氏墓群出土的一对金镶玉发簪

在日常生活领域，梅花也是重要的装饰纹样，最常见的是妇女的五瓣花朵造型头饰，簪头和纽扣等都常制成梅花形。1969 年，在位于上海浦东陆家嘴的明代陆氏墓群出土的四件金镶玉发簪，头部为五瓣梅花形的白玉花瓣，花萼为金叶衬托，花蕊以金丝制作，还有几支梅花形金镶玉宝石花花饰。

白玉透雕梅花带饰

唐代窑藏高圈足银杯

在上海打浦桥明墓出土的明代玉器中，有一对白玉透雕梅花带饰，宛如盛开的梅花，枝梗缠绕，纹饰简洁而质地纯清，一种高贵典雅的气息从那器物和纹饰中散发出来。

三是将梅花纹饰同其他的名木异花、家禽瑞兽配搭，组成无数个纹饰图案，使梅花纹饰的涵义更丰富，内容更高深，范围更广阔。

西安大雁塔出土的鹦鹉含花形玉佩（长4.2厘米，宽3.8厘米，厚0.8厘米），就是梅花配鹦鹉，这件玉佩玉质呈粉白色，扁平体。雕琢者可谓是别出心裁，以往绝大多数玉器的梅花纹饰都是依附器体上，唯这一件玉佩，造型独特，鹦鹉展翅飞翔，口衔一枝梅，一朵盛开的梅花在头顶绽放，形态生动，别具风韵，美好吉祥的寓意你可以展开想象的翅膀，任意去发挥，去创造。

现藏于台北"故宫博物院"的明中晚期玉三友纹执壶，其松竹梅组合非常别致。壶的把手是根弯曲的松枝，壶的出水口是一根修竹，而梅花以浅浮雕的形式雕在壶身的下半部。松、竹、梅各居其位，共同装点这把玉壶。把"岁寒三友"象征高洁、清逸，脱俗的寓意，演绎得出人意料。

一件玉器，经过千雕万琢，最终呈现出来的器物，既是大自然的杰作，又是梅文化的实物载体。漫步古今玉器长廊，在那数以亿计的玉器物件之中，随处都可以找到梅文化发展的历史印记。

（四）金银器上之梅

金银作为贵金属，不但具有亮丽的天然色彩，还由于其材质延展的特殊性，便于加工制作，历代都将其作为珍贵的工艺品、装饰品来装扮生活。循着历史的足迹，我们可以看到雕刻在金银器物上的梅文化脉胳和梅花纹饰的时代印记。

从考古发掘和历代流传至今的金银器的实物可以得到印证，在唐代出现一种仿梅花花朵造型的器物。1979 年在浙江淳安发现的唐代窖藏高圈足银杯，就是这个样子的。此

冯子振《蜡梅》诗意 张展欣画
裴文奎题 200厘米×129厘米

杯形似梅花半开状的五个瓣，簇拥着花心，圈足成喇叭形，托顶着一朵梅。整个银杯大方简单、朴实素雅。

　　宋代，梅花画谱的出现产生了广泛影响。受文人画风的浸透，金银器物上的梅花纹饰突现很强的写实性。除了朵梅之外，纹饰的布局也打破了唐代团花式的格局，出现了大量折枝梅。这类梅花纹饰形象生动，更富有生活情趣。到北宋晚期，在梅枝的背景中出现了明月；到南宋中期，这种月梅图饰广泛地流行。有实物为证。1971年在江苏江浦发掘的张同之夫妇墓中，出土有大小两件梅花纹装饰的

张同之妻章氏墓出土的五瓣银盂

银器。一件大的精美银盂，高1.9厘米，口径14.6厘米。该盂的器形呈五瓣梅花状。盂底，饰有一树横斜的梅枝，映着一弯新月，舒卷的流云仿佛从月面飘过，将明月初照、疏影横斜的诗画意境，毕真毕现地展示了出来。同时出土的还有一个体型较小一点的梅花纹银盂，（高3.9厘米，口径9.5厘米），器形为五瓣梅花形，内底心压印朵梅，内壁分别压印五枝梅枝，枝头上缀的花或含苞欲放、或花朵初绽，俯仰侧转，形态生动，姿容妖娆。

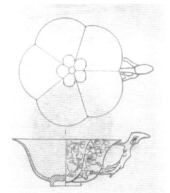

四川平武银器：五曲梅花银盏

宋代银鎏金五曲梅花纹蝶

再看1980年四川平武发掘的窖藏宋代银器中，有一件银盂，腹部是五曲梅花形，外壁鎏刻梅枝蕾纹，内壁底心是一朵锤凸鍱出的梅花，圈足为凹形的梅花状，器柄制成弯曲垂张的梅花枝形，又与一盏壁鎏斩的梅纹相连接。匠师们满眼都是梅，处处都用上梅，才有银盂这样的无缝连通梅花纹饰，五瓣盏恰如枝头上盛开的梅朵巧妙天然。

元代金银器形体小巧，胎体纤薄。梅花纹饰在继承宋代写实风格的基础上更趋精巧淡雅。1966年4月江苏省金坛县发掘的元代窖藏银杯，通高4.5厘米，口径8.8厘米，底径3.9厘米此杯成五曲梅花形口，腹部弧收高圈足成垂直似俯开的梅花状，花沿微微向上翻卷。五曲梅花形底，杯壁压印两层梅花纹饰，杯底印梅花一朵，花蕊成圈形围着花朵。整个银杯如一朵盛开的复瓣梅花。此杯梅花纹饰工艺刻划精美，格调高雅。

近年来，元代出土的器物较多，梅花纹饰装点的金银器一个比一个精美。再看1985年湖南衡南县南涧村发现的元代银器窖藏中的月梅纹杯，此杯五瓣花口，足沿及腹呈五瓣花形，口沿上饰一周宽0.9厘米的梅花纹，腹部的每一面都饰有一枝梅，分别向左右伸展，杯底中心分别装饰一朵朵梅，与梅花对应的腹身饰一弯新月纹，月下线刻云纹，足沿上饰一周0.5厘米的梅花纹饰。满身都是梅花纹饰的印记，足见制作者对梅文化的崇敬和炽爱。

我们还再来看1987年8月在湖南省华容县一基建工地发掘的元代鎏金花口梅花纹银杯，此杯杯体似半开状的梅花，五个瓣合力向上伸展，到口沿处微微向内收拢，口沿五瓣成自然弧线形，高圈足成梅花状，下大上小，如梅花花萼托举杯身，将朵梅的意韵展现得超乎完美。

明代金银器制作工艺在前代的基础上不但有新的发展，而且还形成了一套完整的制作体系。其金银器造型美观，制作精细，梅花纹饰装饰繁复奢华。但都有极高的艺术性。到了清代，金银器加工技术更加精湛，特别是康熙和乾隆时期，金银鎏刻工艺更趋繁复，更显富贵华丽，同样一枝梅在工匠们手里绽放得更加灿烂。在清宫旧藏的御用金银器之中。有一件银錾花梅式杯，这件器物高3.3厘米，口径5.5厘米，足径2.7厘米。口呈五瓣梅花状，足与口对应也成梅花形，杯身五个委角开光内各錾刻凸起花朵，杯柄镂雕花及花叶，通体都是不同形态的梅花造型。其雕琢之细腻，梅花纹饰之精巧，叹为观上。

宋代梅花纹金手镯

从这些精美的金银器物上，可以清晰地看到自唐以来，文人士大夫们爱梅、赏梅日益高涨的热情，更看到梅文化悄无声息地浸润到贵重的金银器物之上。梅花同它们的材质一样，在那儿闪金光，耀银辉。

（五）漆器上的梅

漆，取之于天然，用之于生活，与人类正是如胶似漆、难以割舍的关系。漆工艺从它诞生的那天起，就是实用与审美相结合的艺术。世界上最早的漆器是距今7000年前的浙江余姚河姆渡遗址第三文化层的朱漆木碗。这个今天是有实物可以触摸的。

战国、秦汉、魏晋南北朝时期，漆器艺术基本上是浪漫主义和现实主义并存，到唐宋元明清各代漆器艺术一面向自然，一面向生活。这当中出现了一种雕漆工艺，唐以前是在木胎先雕，然后上漆，唐以后则完全不同，是在胎上髹漆数十层以上，待漆达到一定厚度再雕刻，雕又称剔。雕漆始于唐，成熟于宋元，到了明清更是多姿多彩。目前见到的最早的漆雕实物是宋代的，但保存至今有梅花纹饰的已不多见。现藏于故宫博物院的元代杨茂造剔红花卉尊。木胎高9.4厘米，口径12.8厘米，足颈8.8厘米，尊上雕有牡丹等8种折枝3匝，其中便有梅花。整尊雕花密集，布局合理，形象逼真，运刀娴熟。

元代杨茂造剔红花卉尊

现藏于美国大都会博物馆的元代黑漆嵌螺钿梅鹊纹八方盘。盘以黑漆为地嵌螺钿梅鹊图。盛开的梅花和喜鹊是南宋诗画作品中的流行主题，此盘以螺钿的玉白色装饰成梅花花朵和花蕾。苍劲老干与嫩枝，相互穿插呼应，两只

元代黑漆嵌螺细梅鹊纹八方盘

喜鹊对视，亲昵相望。一幅喜上梅梢和谐报春景象被完整地呈现了出来。在这里还有两件梅花纹饰的漆器，分别是明晚期剔红金彩梅鹊纹漆盒和明中期剔红梅花圆形漆盒。尤其是后者盒盖上的折枝梅十分生动自然。10朵花朵俯仰正斜，姿态生动，花蕾和花朵相互映衬，构思和经营枝干花朵的位置，用心良苦，四周的花朵都往中心开，既空灵疏朗又丰满向外挤扩，从而整体上拓展画面的张力。

梅花纹饰图案在明代较为常见，梅花的花朵五瓣多为满开型，也有的是半开的元宝形，在一条梅枝上，全开的和半开的互相应照。全开的花瓣上刻有花蕊，花瓣边缘有向内翻卷的自然质感。明晚入清后以满开为主，花瓣亦不再具翻卷之姿。

现藏于美国大都会博物馆的明中期剔红梅花纹漆盒，高4.4厘米，直径8.3厘米。盒盖雕刻的是一枝折枝梅，梅的主干上开着九朵花，正侧与俯仰，相互呼应，四朵满开型的花朵都围着花心，刻有花蕊，花瓣翻卷向内，既有质感，又有丰腴之美。侧开或半侧开的花朵未被花瓣遮挡的地方露出有花蕊，枝条上的花蕾大小适当，各自伴着相邻的花朵，活脱脱一片梅花的世界。

清代雕漆工艺在使用范围、表现形式、雕刻刀法方面都超越前代，达到历史巅峰。现藏于沈阳故宫博物院的清剔红山水人物纹梅花式盒，高12厘米，口径27厘米，底径21厘米。盒呈五瓣梅花形，上下对口，以子母口相合。再看一件清代的剔红雕漆梅花纹印泥盒。此盒小巧，但满地都雕刻有密密麻麻的折枝梅花纹，枝叠着枝，花叠着花，厚重丰富，完完全全是一片密实而针插不进的梅林。还有一把琵琶，制作精良，以梅花嵌百宝，乐器背黑漆地嵌梅花一枝，梅花用螺钿镶成，花萼用剔红，枝干用椰壳面的天然节眼，饰成树木的鳞皴，用绿色牙嵌成苔点，上题"朗月侵怀抱，梅花寄指音"两句诗。这把琴造型幽雅，技法丰富，让音乐看得见，让暗香听得真，不能不叹服制琴匠师的天才智慧。

当然古代漆器中饰有梅花纹的器物还有很多，既有皇家御用之器，亦有民间日用之物。这里简述几件漆器器物上的梅花纹饰，是想说明梅文化伴随中国漆器的发展和繁荣，自有芳华在其中。

（六）文房四宝中的梅

文房之名起源于我国南北朝时期，专指文人书房，以笔墨纸砚为文房所用，而被人们誉称为"文房四宝"。它不仅有实用价值，也是融汇绘画、书法雕刻、装饰等各种艺术为一体的艺术品。对于文人来说，较之衣食之具，更有一份独特的追求，这个独特的空间，若无梅花的存在，便无仙风与道骨，便无暗香漫芬芳。以梅花作造型装饰是文人们满足心理的最佳选择。

笔，作为一种书写工具，是文人最基本的倚仗，好比士兵与刀枪，是不能缺失的。笔为文房用具之一，起于上古，沿用至今。几千年来，毛笔为创造中华民族光辉灿烂的文化做出了贡献。自古以来，毛笔笔管的材料，有天然植物、名贵树木、动物牙骨、玉石玛瑙，各类金属等。制作工艺更是五花八门，笔管上的饰品饰纹也是各显其能，斑驳陆离，绚丽多姿。从制笔业发展的进程上看，汉代制笔不仅承袭秦朝笔的书写功能，还注重笔管的装饰。唐宋时期正是古代制笔技术发展的完备阶段，笔管的制作更是精雕细刻，这当中的梅花文饰已成为文人们的最爱。明清两代制笔工艺极为考究，既讲求实用功能，更注重装饰性，特别是御用和官府的用笔，笔管之上或镂或雕、或描或刻，或镶或嵌，工艺之精美，登峰造极。匠人在各种材质的笔管上雕刻梅花纹饰。从古到今在那一支支毛笔笔管上随处都可以窥见到梅花的倩影。

握着梅花纹装饰的毛笔，从那笔端吐露出来仿佛是梅的心汁。上接远古，下启未来，书写的是梅的清香，梅的风骨与英姿。那笔管是文人的化身，安放着文人的魂魄。正因为如此，多少代文人都在笔管上费尽心思，建造属于自

冯子振《溪梅》诗意 张展欣画 谢麟题 200厘米×129厘米

北京故宫博物院的汪节庵名花十友墨

清宫旧藏的清曹寅恭进黄纸

己的精神乐园。

与笔相伴而生的有笔筒、笔架、笔洗等数十种文房辅助用具。比如以梅花纹饰作笔筒，依托于梅花的造型，有点有线，可密可疏，既有造型又有节奏变化。在大雪无痕的天地里，一树老梅绽放，美艳里透着孤独，凛然中笑送温柔，吟唱的是生命的灿烂与强韧。这类器物既可当用具，又散发着艺术魅力，无不给人以正道的赋能。因而，从古到今，极受文人青睐。

墨，一直是中国传统文化"雅"的代表，是文人雅士不可或缺之物。一锭墨在文人手中造化出高雅永隽的书法作品，在画家手里挥洒成锦秀山川。一锭墨，若只是黑漆漆一块，便少了许多风物情趣，若用心雕上经典诗文。"栽"上梅花，演绎冰雪风骨，那是何等韵致。

现藏于北京故宫的明代孙瑞卿神品墨，长 19.5 厘米，宽 6.0 厘米，厚 1.4 厘米。此墨长方形，顶微圆，通体漆衣。墨的四个侧面都浮雕梅花纹。以深刀阴刻梅花凸现墨面，其它空白处整体轮廓凹陷下去，一枝梅花在静静地在散发幽光，别有风华。

现藏于北京故宫博物院的汪节庵名花十友墨，长 10.7 厘米，宽 4.4 厘米，厚 1.0 厘米，十锭一组，嵌装墨膝描金盒中，盒面中央隶书名花十友，饰长龙纹，墨面各雕名花一种并加题识，其中就有梅花，名曰清友图。

墨香园里种梅花，墨与梅相通，秉性暗合，奉献自己，留存清气漫乾坤。

造纸术是中国古代四大发明之一，而专用于书画的宣纸"始唐代，产于泾县"。因唐代泾县隶属于宣州管辖，故得名宣纸。它的问世为中国古代文化的繁荣和发展提供了可靠的物质技术基础。其作为重要的文化载体，为后人留下了无数珍贵的历史文献和经典书法绘画作品。宣纸，承载了几千年中国文化艺术的精华，也深藏着极其丰富的文化内涵，被誉为天下第一手工纸。

历代的文人墨客对宣纸有多种特殊需要，比如说文人为表现傲骨、风雅，常常通过拓印、水印、刻版印刷、丝网印刷等技术手段，将梅花纹饰、书画作品直接加工印刷，或隐或现地附着至原宣纸之上，将梅花的形与韵悄无声息地潜伏到这个重要的文化载体之中。清宫旧藏的清曹寅恭进黄纸，两侧砑印暗花，一侧就印有梅鹤纹。这样同时为梅文化的传播开拓了疆域，为清雅的文房生发出暗香。雅事善举，当乐而多为。

砚，可研墨和濡墨，由原始的研磨器演变而来。砚，不仅是文房用具，更因为其材质坚固，传百世而不朽，被历代文人作为珍藏之选。综观名砚家族，大多为泥土烧制而成或各种石料雕琢而成。

现藏于首都博物馆的明代青玉梅花砚，宽5.7厘米，厚1.3厘米。砚的四周浮雕刻着缠枝梅花纹饰，梅枝上缀满花苞，正欲炸开。大小两个砚田相映，大砚田若一轮高悬的明月，跃出纵横的梅枝。若砚田里储上浅墨，泛着微光，一幅素梅映月，花淡枝瘦的诗意图便永恒地定格在青玉之上了。

再来看看清代卢葵生仿明文明遗物制作的漆沙砚吧。砚高3.4厘米，长21.3厘米，宽12.3厘米。用极细的沙和生漆制成，盖上的纹饰尤引人注目，盒面上两枝折枝梅钿嵌略凸盖面，枝条及萼片用颜色深浅变化的椰子壳雕镶，梅花用螺钿琢成，花瓣丰润饱满，光泽夺目，极富立体质感。对于砚台，乾隆帝可谓感触良多，专为砚台作诗两百多首，其中有《题旧端石梅花砚》《旧澄泥水面梅花砚》多首。诗曰："巧木仿纤朴有华，底须题识瓣谁家。没入水面文章喻，可识梅花先众花。"诗与砚相逢，墨与纸凝香，文与雅相聚。这种情形，触发神思让人浮想联翩。

徽州古建筑中的砖石木三雕

徽雕门楼

（七）建筑装饰中的梅

中国古代的建筑艺术，在数千年的历史长河中，从简单的遮风避雨的原始实用，发展到融入本民族文化审美元素进行装饰，这是写在大地上立体的答案。在华夏版图里居住着56个民族，每个民族珍爱的建筑装饰都有不同的特

山西省灵石县的王家大院高家崖

山西省灵石县的王家大院石雕

点和不同的装饰艺术形式，但她们都是中华民族文化的重要组成部分，都是祖先留下的丰厚文化遗产。人们采用象形、会意、谐音、借喻、比拟等手法，创造出丰富的装饰造型，图案及雕饰题材，人们凭借各自的艺术语言来寄托对幸福、美好、富庶、吉祥的向往和追求。

在传统民居装饰中，梅是最常见的装饰图案之一，"梅兰菊竹"四君子，"岁寒三友"等图案是一种隐喻，借用植物的某些生态特征赞颂人们崇高的情操和品质，比如修竹"个个有节"，寓意人有气节；松梅耐寒，寓意人不畏强暴，不惧困难。

建筑装饰中的梅花图案，最早可追溯到东晋时期，当时的贵族文人将梅花绘于殿堂之上，以表嘉瑞之意。到明清时期，梅花成了建筑中土木、砖石构件的重要纹饰。徽州古建筑中的砖石木三雕，其中不少选用的是梅花题材。徽雕门楼特别气派，也特别讲究，方框与元宝都是门楼、门罩一组中的两个砖雕配件，分别各由一块整砖雕刻而成，通常一幅门罩上有2—8个方框与元宝组合成一套，而每个方框或元宝又是一个独立的画面。清代歙县徽城某宅的所饰的梅花方框，梅花老干苍劲，疏花点点，具有极强的装饰意味；清代黟县西递某宅的元宝，梅花饰纹各只是两个单朵，同两枚银币作主题纹饰的点缀；漏窗是清代徽州民居院落装饰围墙常见的形式，常用梅花纹构图，用石或砖雕刻成构件，然后嵌砌其间，一面灰墙梅花朵朵，里外透影，别有天趣。到这些古村落极目四望，随处可见梅花纹装饰的经典作品。西递清代某宅门罩额坊的石雕边饰则用的是梅花喜鹊。这个题材造型生动逼真，工艺精湛。门上漆花，喜上加喜。徽派木雕在古民居建筑装饰艺术中，以梅花为题材装饰庭院的梁枋元宝随处可见，饰作楼层栏板更是遍地开花。

山西省灵石县的王家大院是由静升王氏家族经明清两朝，历300多年修建而成，总面积达25万平方米，多处采用的是"三雕"装饰，独具三晋大地千年文化韵味。"建筑必有图，有图必有意，有意必吉祥"，"三雕"是以梅花为题材的纹饰。高家崖凝瑞居门头窗架，林和靖爱梅等，展示的是王家人对儒雅之风的崇尚。

始建于清光绪年间的广州陈氏书院，是广东规模最大、装饰华丽、保存完好的传统岭南祠堂式建筑。多处装饰的有梅花图案，代表性砖雕有《梅雀迎春》。

清末太监李莲英在北京的豪宅进门迎面一座青砖悬山式影壁，影壁上精雕细刻有梅兰菊竹纹。据陈绥祥主编的《中国民间美术全集》《起居编民居卷》记载北京某宅圆形，方形，小形门墩石等多处有浮雕梅花花枝图像。

举这些例证是想说明，在古代的民居建筑装饰图案中，从南到北，从东到西。如此广阔的地域，足见人们喜梅、爱梅之情。梅文化之普及，可见一斑。

广东广州陈氏书院

（八）家具上的梅

中国古典家具萌发于厦商时期，低矮型家具发展于汉代，唐代是低矮型家具继续完善和发展期。高型形成于隋唐，到宋辽金则是大发展期，明代是我国古典家具成就的高峰和代表。清乾隆时期开始吸收西洋的纹样，并把多种工艺美术应用到家具的制作之中。家具与人们的生活息息相关，家具样式与纹饰体现出那个时代人们的追求和审美价值取向。

家具上的梅花纹饰在宋代得到前所未有的发展，不仅文人雅士喜爱，民间也广泛流传，并开始出现梅花纹饰与其他纹饰的组合。元明清时期梅花作为吉祥的象征纹样，达到了历史的高峰。故宫收藏的明代家具中有300余件，清代家具在万件以上。这些数量可观的红木家具中，随处都深藏着梅花纹饰的暗香。故宫旧藏的明代黄花梨梅花纹方桌，高86.0厘米，长93.5厘米，宽91.5厘米，桌面下有束腰，直牙条上浮雕梅花纹，两端镂出云纹。此桌做工精细，为明式家具中的上乘精品。

环顾目前世界上各大博物馆所藏的中国古代家具，不

元明之交的黑漆螺钿八角盘

16世纪晚期黑漆螺钿低方桌

日本东京博物馆收藏的明代梅月螺钿桌

宋元时期的螺钿梅花插屏

故宫旧藏的明代黄花梨梅花纹方桌

难发现自宋以来，纹饰以梅花及梅月为主题的图案，俨然自成体系，寂静地躺在那里，等候着家人熟悉的呼唤。

美国旧金山亚洲艺术馆收藏的一座宋元时期的螺钿梅花插屏，屏心的折枝梅，老干发新枝，枝条伸展生动自然，点缀的花苞与绽开的梅花相映成趣，释放出一种清香幽静之气。

藏于美国纽约大都会博物馆一件元明之交的黑漆螺钿八角盘，以及一件明早期的黑漆螺钿长方形盘，图案均为梅花与鸟的螺钿镶嵌，梅树的老枝或嫩桠上，有成双的鸟儿或开喉对唱，或忙于啄采。布局清爽，工艺精美，令人叹服。

英国私人收藏的 16 世纪晚期黑漆螺钿低方桌，其桌面和腿足的梅花纹装饰匠心独运，自然天成，那梅花的百样姿态，栩栩如生，很显然，这些图案受到过宋景定二年(1261)刊出的《梅花喜神谱》的影响。之后元明时期的螺钿镶嵌之作常见这类题材装饰的器具。

工匠们的智慧总是在不断的创造，受宋代文人画的启迪，一种梅与月的装饰组合图案出现在家具器物之上，一丛梅树上梅花依旧各呈其姿，但天空中增饰了一轮明月，无疑，这种构图形式增添了装饰的情感意境，如藏于美国赛克勒美术馆的元末明初戗金螺钿文具箱，最上层箱面是梅花初月的图案，梅树成对面向天空伸展，枝干苍劲，花蕾繁发，一弯新月，挂在夜空，幽静，冷傲，无人能及，境界高古。

日本东京博物馆收藏的一件明代梅月螺钿桌，梅月纹饰旁还另嵌有应景诗句。有学者对明代的宫廷螺钿漆作器物作过研究，前期可能因为明太祖崇俭节用歇止不兴，一直到明天顺年间，官府所用之螺钿桌椅，条凳都还可能是明初江苏首富沈万三家族抄家所得。现有的相关资料证实，成化年间内府始有螺钿嵌之作，图案疏密有致，且多施单色漆作上，至万历一朝，风起云涌地大肆兴造，由点缀性简洁装饰逐渐走向奢华。用材更是考究，从粗厚走向轻薄细致。宫廷器物的制作越来越繁复，彩绘、填漆、铜嵌、平脱、描金、戗金，诸多工艺并存一器，使器物的表层呈现出喧嚣多彩，缤纷富贵的特色。

自明代之后，梅花纹饰已成为家具装饰的十几种主要纹饰之一。现收藏在南京民俗博物馆的清代的卷头案，用红木制作的桌面攒框打槽，面心装木板，两头抹头为书卷式，用弯材和直材攒接，卷头雕灵芝纹，书卷两端镶有绦环板，透雕梅花纹。四腿挖缺作，接地出挖有四足，足上雕有灵芝纹，两腿前后有横材相接，案前后束板透雕梅枝纹，此案造型独特，超逸隽秀。

（九）邮票上的梅花

邮票是一个国家的名片，方寸之地尽显一个国家的综合实力。中国从清光绪四年（1878）开始发行邮票，至今

超山梅花景观 摄影:施雯

1980年发行的《齐白石作品选》
特种邮票第7枚《红梅》

1982年发行的"中日邦交正常化十周
年"纪念邮票第1枚《梅花》

1984年发行的《吴昌硕作品选》
特种邮票第7枚《梅花》

1988年发行的《何香凝作品选》
特种邮票3枚《梅》

已有140多年的历史。新中国发行的邮票真实地反映出生活在这片土地上的人民，70多年来靠勤劳的双手不断奋斗、不断创造美好新生活的光辉历程，在方寸之间谱写传统文化大境界、大格局和史诗般的建设成就。

梅花是中国十大名花之一，历来深受人们的喜爱，无疑，在这个方寸天地里，缺了她就像蓝天缺失美丽的霞光与彩虹，无色无趣。因此在新中国发行的邮票中经常出现有"梅花"的特种邮票。

那么怎样才能把梅花这种文化符号体现在邮票上呢？设计师通常采用这三种办法。

一是选择画梅花的名家名作。在我国数千年的文明史上，观梅、咏梅，画梅者成千上万，而画梅的大家高手更是数不胜数。选择那位画梅大师的那一幅画作，确实考验邮票设计者的智慧和审美眼光，它既要符合邮票制作的要求，又要符合大众的审美需求。进入20世纪80年代，国家邮政部门决定发行系列名家名画邮票。设计者首先想到的就是人民艺术家齐白石。在1980年1月15日发行的《齐白石作品选》特种邮票第7枚选的就是红梅图。齐白石的《红梅》以经典的笔墨意趣传达了中国画的现代艺术精神；1982年为纪念中日邦交正常化十周年，国家邮政部门决定发行一套纪念邮票，岭南画派大师关山月是当代手屈一指画梅大家，他的《俏不争春》，被日本《读卖新闻》评为世界名画，关山月在中日两国的文化交流方面很有影响。邮政部门选用了关山月的一幅红梅，作为1982年9月29日发行的《中日邦交正常化十周年》纪念邮票的第1枚。关山月的梅花枝干如铁，繁花似火。

顺着时光老人的脚步，我们来欣赏方寸之间梅花的英姿。1984年恰是吴昌硕诞生140周年，国家邮政部门共选取了7件吴昌硕的书画篆刻作品来发行特种邮票，其中第7枚是梅花。吴昌硕这幅红梅画面留白十分巧妙，点染红梅的水分与色彩调和恰到好处，笔墨酣畅，情趣盎然。

1988年6月21日发行的《何香凝作品选》特种邮票共

3 枚，其中的"梅"，选用的是她 1943 年创作的梅花图。何香凝梅花画作上百幅，为何选此作，设计者深藏精奥。1943 年正值太平洋战争爆发，香港沦陷，何香凝辗转从香港迁居桂林，靠卖画为主，蒋介石曾派人送来百万元支票，邀请她到重庆居住。何香凝断然拒绝，并在来信的背后写下"闲来写画营生活，不用人间造孽钱"。她用生命之笔在桂山漓水间写下了中国传统知识分子的浩然正气、铮铮骨气与肝胆侠气，毫端流淌的是生命与精神异样坚韧的传世亮色。

2009年发行的《石涛作品选》邮票第4枚《梅竹图》

2009 年 3 月 22 日发行的《石涛作品选》邮票，第 4 枚是《梅竹图》。石涛这幅画中的梅花枯湿浓淡兼施，笔法流畅，雅拙凝重。

2010 年 10 月 18 日发行的《梅兰竹菊》特种邮票，第 1 枚"梅"，选取的是清代扬州八怪金农的墨梅。金农这幅梅花古雅拙朴，生机勃发，独具一格。仔细欣赏这方寸天地里的梅花佳作，让人回味无穷，更感叹"梅花散彩向空山"的魅力。

二是设计者自己创作。在中华大地，梅文化传播广泛，深入人心。特别是一些祈福和寓意吉祥的图案倍受人民群众喜爱。1959 年国家邮政部门发行了一套特种邮票《人民公社》，其中有 1 枚《敬老院》的邮票，是出生在福建泉州的万维光设计的。邮票主图是一位淡定从容，幸福的老者，两侧配有松、竹、梅，预示着新时代老年人的生活幸福快乐、安康长寿。1983 年发行的《农村风情》特种邮票，将梅花和喜鹊列入画中。1992 年 1 月 5 日发行的《壬申年》特种邮票第 2 枚是"喜鹊登梅"，1997 年 1 月 5 日发行的《丁丑年》特种邮票第 2 枚是"牛耕年丰"，这两枚邮票的图案寓意再清晰不过了。2005 年 11 月 11 日发行的个性化邮票《喜上眉梢》，画面就是盛开的梅花枝头栖着两只喜鹊的剪纸团花。

2010年发行的《梅兰竹菊》特种邮票第1枚《梅》

在传统的绘画中，人们习惯把牡丹、荷花、菊花、梅花、合称为四季花。梅花是报春的使者，在我国发行的系列生肖邮票中，设计者别出心裁，把这四种花卉装饰在生肖动物身上或绘在图案中，如 1989 年 1 月 5 日发行的《己巳年》特种邮票；1991 年 1 月 5 日发行的 1 枚《辛未年》特种邮票；1993 年 1 月 5 日发行的《癸酉年》特种邮票第 2 枚"四季吉祥"；2013 年 1 月 5 日发行的《癸巳年》特种邮票都有梅花在那儿绽放。

冯子振《城头梅》诗意 张展欣画 顾亚龙题 200厘米×129厘米

1985年发行的梅花特种邮票一套

这当中特别值得一提的是20世纪80年代初，国家邮政部门为展示我国丰富的植物资源，决定发行一套梅花特种邮票，特意找到邮票设计专家陈传理。为了设计好这套邮票，陈传理费尽心智，千方百计收集了数百份梅花图案和资料。他先后到南京梅花山、武汉东湖各梅园以及无锡、苏州、广州等地的梅区拍摄照片，仔细观察梅树古秀和曲折的枝干，辨识梅的屈、奇、疏的美姿。接着他专门去拜访我国梅花研究领域泰斗级人物，北京林业大学的陈俊愉教授，请他介绍梅花的发展习性和品种特点，从300多个名贵品种中选定了10个最名贵的梅花品种作为邮票图案。陈传理为画好梅花，下狠功夫，临摹了历代梅花名作近百幅，还多次登门求教中央美术学院教授著名中国工笔画大师田世光。

梅花是传统的中国名花，如何表达她的骨、品、韵，若用写意难尽其形，若用传统工笔又难出其神，只有工笔画重彩方能"二者兼得"，最后定稿的8幅梅花画作都是以工笔重彩法绘制的，六易其稿，最后经陈俊愉教授审阅认可，送交邮票发行局于1985年4月5日发行。这是我国迄今为止发行的唯一一套梅花专题邮票。梅花品种包括"绿萼""朱砂""洒金""台阁""凝馨""垂枝""龙游""杏梅"。

几十年来，我国台湾地区邮政当局也曾多次发行梅花邮票。如1979年发行的7枚图案相同而面值和印刷不同的梅花邮票；1983年又发行了一套4枚的梅花邮票；1988年在发行的一套3枚《花卉》邮票中，也有一枚是梅花。另外他们在 1977 年、1984 年、1988 年、1989 年发行了《岁寒三友》邮票。1993 年发行的《吉祥》邮票中，有 1 枚是"喜鹊登梅"。这正是方寸天地，一树梅花香两岸。

另外还有一种方法就是将梅花图案以边饰的形式出现在邮票之中。比如 1977 年 9 月 6 日发行的《伟大领袖和导师毛泽东逝世一周年》纪念邮票，其中第 2—6 枚邮票的边饰图案选用的就是毛泽东主席生前最喜爱的梅花。

（十）舌尖上的梅花

梅花、梅果，既是观赏品，又是食品，深度加工后还可变成调味品、药品。华夏子民开发利用梅花、梅果的历史，充满着传奇，又扬溢着诗意。

将梅花、梅果直接食用。这个方法既原始又现代。怎么吃，太有讲究，这里面就是文化。

食谱是一个时代制作食物的教科书，流传至今的我国古代的几部有重大影响的食谱都沐浴过梅文化的恩泽。宋代陈达叟的《本心斋疏食谱》，自述常在书房里居玩闲坐，品味《易经》，床上围着画有梅花的纸帐，用石鼎烹茶，自己推崇清淡饮食。宋代林洪的《山家清供》，明代戴羲的《养余月令》、徐珂的《清稗类钞》都记录有用梅花做馔的，"好梅而人清，嗜茶而诗苦"。

冬日里举行品梅花宴，约三五知己，品梅论诗，是古代文人一件最风雅不过的乐事。 在沈复的《浮生六记》中专门记载芸娘所置的梅花盒：为置一梅花盒，用二寸白磁深碟六只，中置一只，外置五只，用灰漆就，其形如梅花，底盖均起凹楞，盖之上有柄如花蒂，置之案头，如一朵墨梅覆桌……你看他们的器具如此讲究，那佳肴的色香味任由你去想象。清代才女金翠芬在诗中这样写道："扫将残雪试煎茶，暖阁沉沉翠幕遮。小饮劝郎诗兴好，一盘生菜是梅花。"用雪花煮茶，和着梅花小酌，这种雅趣与情调，神仙都耐不住诱惑。

最美妙的当数梅花茶了，高濂在《遵声八笺》里记有一种"暗香汤"。闻其名，万千味蕾就兴奋，然大白话就是梅花茶，但梅花茶讲究的是享受制作的过程。清晨，将半开的梅花连蒂摘下，放置瓷瓶中，每一两层，洒上一两炒盐，用厚纸数重，密封置于阴凉之处，到了次年春夏之际取开，先置蜜于盏中，然后放入二三朵梅花，滚汤一泡，花头自开，回复到原生状态，如此可人有趣，怎只是"暗香"？

满汉全席是集满族与汉族菜点之精华而形成的历史上最著名的中华大宴。乾隆甲申年间李斗所著《扬州画舫录》中，记有一份满汉全席食单，其中满汉全席廷臣宴前荣七品，首品就是"喜鹊登梅"。

今江浙一带，有人专门研究制作梅花宴，食材广泛，既可以梅的鲜花、鲜果入菜，也可用梅之干花、梅之果、梅之酱、梅之汁、青梅酒等。只说几道菜，就令人馋涎欲滴，

唐代花色点心

1972年新疆吐鲁番阿斯塔那唐墓出土过这种点心实物

以太湖的白鱼、白虾、银鱼，与梅花相配的"三白映梅"，可谓色味双鲜；清炒虾仁，以红梅花瓣铺盘，在虾仁上点缀几朵全品相的红梅"满盘春色"；以樱桃肉伴青梅果在白盘中间摆通红的樱桃肉，周围一圈是碧绿的青梅果，再点缀几片梅花瓣，正是"绿肥红瘦"；用农家咸肉、香肠和冬笋三料，将香肠改刀成梅花形，在盛盘时将咸肉与冬笋沿盘边隔花排列，圈围的中心是一朵朵梅花，"梅花三弄"，寓意高古。若再配上几款梅子酒，梅花清香茶。既饱眼福、口福，又是梅文化大餐，此乃人生朵颐之乐。

饮食文化是中华璀璨文明的重要组成部分，随着舌尖上梅文化的不断发展，许多食品、饮料，只取梅花的形和意，食品原料里已无梅花和梅果，仅仅是一种符号的寓意延伸。

唐代经济繁荣，食品中的点心也是多姿多彩，仿制花卉造型的技能十分成熟，甚至普及边陲地区。如唐代用小麦面粉印制的花色点心，直径5—6厘米大小就有梅花形的，这种点心不仅可用作充饥，还可宴客或当馈赠礼品之用。1972年新疆吐鲁番阿斯塔那唐墓出土过这种点心实物。从日常生活这个侧面反映出唐代人们爱梅、惜梅的情形。

现江浙地区流行的梅花糕里就没梅花原料，只取其形与意。据考，梅花糕源于明代，发展到清代时已是江南地区最著名的传统特色糕点小吃了。相传乾隆皇帝下江南时，见其形如梅花，色泽诱人，故作品尝，入口甜而不腻，软脆适中，回味无穷，胜过宫廷御点，拍手称快。因其形如梅花，便赐名"梅花糕"。

今天在华夏大地以梅花命名的美食、糕点、饮品随处可见。

梅花纹饰取的是她的外形，崇尚的是它诉说不尽的精神内核。当然在历史和现实生活中梅花的纹饰远不止这10个方面，它浸润到我们生活的各个领域，一言以蔽之，有华夏子民的地方，就有梅文化在那儿生根开花，在那儿屹立凛然，在那儿昂首怒放，在那儿笑迎未来。

后记

　　2018年5月，中国散文年会在湖南攸县召开排行榜发布会，本人的拙作获2017年中国散文排行榜第十名，应邀前去领奖并采风。在开幕式上我赠攸县政府一幅八尺整张的梅花作品，攸县县委宣传部杨喜兰部长赠我一本元代冯子振的《梅花百咏》。冯子振的梅花诗点燃了我画梅花的激情，前后3年围绕《梅花百咏》画了数百幅梅花。为丰富画面、增加画面的文化艺术含量，东奔西跑，先后请全国各地近百位书画名家为我的画作题字。这当中发生过许多感人的故事。我的老朋友、书画篆刻大家禅石老师第一个为我题画；《深圳特区报》副总编辑、文化学者侯军当时正在广州紫泥堂筹备"诗艺盈门"书画大展。我请求他为我题画，侯老师爽快利索，一下子连题了数幅。我的老朋友、重庆著名画家彭柯一家祖孙三代五人先后为中国美术家协会会员，彭柯夫妇及其儿子、儿媳均在我的画作上留下了墨迹。我的老朋友、吉林省政协书画院副院长董才，负责组织当地几位当年与我有过密切交往的书画名家帮我题画。尤其令我感动的是年过八旬的大书法家欧广勇老师，在帮我题写丈二匹梅花画作时，由于当时场地限制，他四肢趴在画上，一笔一画，一丝不苟，认真题写冯子振的梅花诗，在旁的我们几个深受感动，也陪他跪着，非常令人震撼和难忘。欧老师大声"呵斥"我们："你们跪什么跪！"我们几个只好听老师的，起身、注视着他把画作上的字题写完。

　　在这里特别要感谢的是部队的老首长，原兰州军区司令员李乾元上将，有求必应，几年间多次为我题写了上百幅画作。

书中以配图的形式出现的梅花画作，是我近几年来画的梅花画作的一部分。其实我在许多年前，就留心梅文化方面的资料。从2019年春节开始着手进行整理，历时3年，总算熬过来了。在这当中，南方电网的张彤帮我从历代描写梅花的古诗词中精选出最具典型代表性的100多篇诗词作品，并给予了很好的解读导引。

我这个人笨，电脑打字手脚慢得很。文字写出来后，广州环渝能源科技有限公司的赵喜平、李秀芳、马仕等义务帮助打印；雅昌文化（集团）有限公司的肖强，尽力安排印刷事务；负责装帧设计的吴亚辰设计出多种方案让我优选，书中每一个技术细节都反复推敲，其敬业的精神令我感动；广州市纯粹摄影有限公司柯咏梅团队专业、敬业，拍出来的画作图像清晰，还原效果好。

书法家焦帝君专为本书题签书名。

在这个世界上要办成一件事，若离开亲朋好友的支持与配合，很可能寸步难行。当然要感谢的人还有很多，凡是帮助过我的人，在此无论列名与否，都长久地铭刻在我心里，不断生发感恩的洪波。

窗外月洒满地，仰望夜空，感慨不尽，时光穿过星月，真情寄往何处？捧起太古月，糅进思念情，遥赠在同一片月光下的我的各位亲朋与好友。

2021年中秋夜于番禺南浦岛

题跋者简介

周玉书

1933 年 8 月出生，湖南攸县人，曾任武警部队司令员、中国人民解放军广州军区副司令员，中将军衔。

陈东成

1934 年生，湖北黄州人，现任湖北省文联执行副主席、中国书法家协会会员、中国楹联会常务理事、湖北省楹联学会会长、湖北省武汉市诗词学会顾问。

陈焕祥

1934 年 7 月出生，湖北咸丰人，中国文化艺术发展促进会会员、湖北省书法家协会会员、省老年书画研究会理事、省清江书画院院士。

闵凡路

1934 年 9 月出生，吉林柳河人。曾任新华社副总编辑兼国内部主任、新华诗社副社长、中国国际影视文化交流协会会长、中华慈善新闻促进工作委员会名誉会长、新华社国家高端智库研究员。

季从南

1935 年生，浙江丽水人，现任中国美术家协会会员、高级工艺美术师、甘肃民进书画研究会副会长、甘肃西部书画院荣誉院长等职。

邓文欣

1936 年 7 月出生，辽宁阜新人、一级美术师，中国美术家协会会员、吉林省美术家协会理事，曾任四平市书画院院长、四平市美术家协会主席。

石广生

1939 年 9 月出生，河北昌黎人，曾任中华人民共和国对外贸易经济合作部部长、党组书记。2001 年 11 月 10 日，代表中华人民共和国在中国加入世界贸易组织议定书上签字，中国正式成为世贸组织成员。

欧广勇

1940 年出生，广东德庆人。中国书法家协会理事、广东书法家协会副主席。

李乾元

1942 年 3 月出生，河南林州姚村人。中国人民解放军高级将领，上将军衔，原兰州军区司令员，为中国共产党第十三届中央委员会委员，第十四、十五届中央委员会候补委员，第十六届中央委员会委员。

马流洲

1942 年出生，广东汕头人，现为广东省美术家协会理事、岭南诗书画联谊会名誉会长、中国美术家协会会员。

陈伯程

1943 年出生，江西新余人，中国美术家协会会员、江西省美术家协会副主席、一级美术师、享受国务院政府特殊津贴专家。

王精

1943 年出生，广西东兰人，现任广西书法家协会常务副主席兼秘书长、中国书法家协会理事、中国书法培训中心教授。

卢绍武

1943 年 8 月出生，广东人，现为广东省书法家协会副主席、深圳市书法家协会主席、中国作家协会会员、中国书法家协会会员。

哈普都·隽明

1945 年出生，吉林人，赫哲族。中国书法家协会理事、黑龙江书法家协会副主席、西泠印社社员、一级美术师。

何家安

1946 出生，河南罗山人。中国美术家协会会员、中国画学会理事、河南省国画院副院长。

白墨

1947 年出生，陕西人。曾任西宁画院常务副院长、青海国画院院长、青海省美协副主席。享受政府特殊津贴专家、一级美术师、中国美术家协会会员。

禅石

1947 年出生，江苏南京人。现为联合国教科文组织中国委员、中国书法家协会会员、中国民族画院副院长、安徽美术家协会理事、中国煤矿书法家协会理事、广东黄山画苑艺术总监。

尹连城

1947 年生于天津，中国书法家协会会员。

吴善璋

1948 年 8 月出生，江苏苏州人。现任中国书法家协会副主席、评审委员会副主任、培训中心教授，宁夏回族自治区文联名誉主席，宁夏书法家协会主席，银川市书画院副院长、一级美术师。

裴文奎

1949 年出生，一级美术师，山西侯马人，太原画院副院长、中国美术家协会会员、山西省美术研究会副会长、山西省美术家协会常务理事、山西省花鸟画学会副会长兼秘书长、太原市美术家协会主席、太原市文联副主席。

郝竞存

1949 年出生，北京市人，中国美术家协会会员、北京中国书画收藏家协会会长、一级美术师。

张鸿飞

1950 年出生，吉林伊通人。曾任吉林省美术家协会副主席、吉林省书画院副院长。中国美术家协会会员、一级美术师、中国艺术研究院硕士研究生导师、文化和旅游部中国国际书画艺术研究会副会长、中国艺术研究院中国画院重大题材创作室主任、中国画学会理事、中国工笔画协会常务理事，被中国文联、中国美术家协会评为"中国画坛百杰"，享受国务院特殊津贴。

游桂光

1950 年 7 月出生，海南东方人。中国美术家协会会员、原海南美术家协会副主席、海南省美术家协会顾问、海南书画院聘任画家。

徐南铁

1951 年出生，安徽歙县人。广东省政协委员、国家有突出贡献专家、广东省作家协会评论委员会委员、广东省批评家协会副主席、中国作家协会会员、广东省文联副主席。

伍庆禄

1952 年出生，海南琼山人。原《珠江环境报》总编、《炎黄世界》杂志副主编，现为广东作家协会会员、中国书法家协会会员。

石文君

女，中国美术家协会会员、中国国画家协会理事、重庆市女子书画协会副会长、重庆梦斋艺术创作中心副院长、重庆红岩书画院副院长。

王立夫

1953 年出生，河北人，被称作内画大王，著名画家范曾的弟子。

彭柯

1954 年 8 月出生，重庆人。现为中国美术家协会会员、重庆市中国画学会副秘书长、重庆中国诗书画研究院花鸟艺委会主任、重庆市九龙书画院副院长、高级美术师。

张志伟

1955 年出生，广东广州人，现任广东省国际华人书法研究会会长、广州市美术家协会油画艺委会委员、中法当代艺术中心主席。

蔡照波

1955 年出生，广东潮州人，西泠印社社员、中国书法家协会会员、广东省书法家协会副主席、广东省政府文史研究馆馆员、广东省作家协会会员、中国电视艺术家协会理论研究会副会长。

陈浩

1955 年出生，浙江嘉兴人，西泠印社社员、中国书法家协会会员、中国诗书画研究院研究员、中国国际书画家促进会副主席、深圳市书法家协会常务副主席兼秘书长。

麦昕

广东广州人，中国书法家协会会员、广东省书法家协会会员、广东省楹联学会理事、广州市书法家协会常务理事。

高炳山

1957 年生，现居北京。现为中国军旅艺术家协会榜书委员会副主席、清华大学高研班客座教授、清华同方高级艺术顾问、北京高山书画院院长。

叶其嘉

1957 年出生，广东顺德人。 中国美术家协会会员、广东省美术家协会理事、佛山市美术家协会副主席、顺德区美术家协会主席、中国艺术研究院访问学者、文化部文化发展中心中国画创作研究院研究员、中国田园山水画院副院长、广东中国画学会理事、顺德田院国画院院长。

王伟

1957 年出生，吉林四平人。中国美术家协会会员、中国工笔画学会会员、原四平画院院长、吉林省政协书画院院士。

宋名道

湖南人。中国美术家协会会员、湖南美术家协会理事、长沙市美术家协会副主席、教授、湖南致公画院副院长。

鲍尔吉·原野

1958 年 7 月出生，内蒙古人。辽宁省作家协会副主席、中国文艺界草原"三剑客"之一、鲁迅文学奖得主。

孟浩

1958 年 9 月出生，陕西西安人，广东省政协常委、著名书法家、文化学者。

罗宁

1958 年出生，陕西人。一级美术师、陕西省政协委员、中国美术家协会会员。 现为陕西省美术博物馆馆长、陕西省美术家协会副主席。

侯军

1959 年 2 月出生，天津人。文艺评论家、散文作家、深圳市新闻学会副会长、中国报纸副刊研究会副会长、深圳大学兼职教授。

顾亚龙

1959 年 10 月出生，湖南湘潭人。中国书法家协会第八届副主席、楷书委员会主任，山东省文联副主席，山东省书法家协会主席，山东大学艺术学院院长、教授、博士生导师，享受国务院政府特殊津贴。

纪连彬

1960 年 11 月出生，黑龙江哈尔滨人。曾任黑龙江省画院副院长、黑龙江省美术家协会副主席、黑龙江省人大常委。现为中国国家画院副院长、中国国家画院专职画家、一级美术师、中国美术家协会会员、全国青联委员，享受国务院政府特殊津贴。

梅启林

1960 年 12 月出生，河南人。现为中国文联美术艺术中心副主任，清华大学美术学院培训中心客座教授，中国美术家协会会员、理事。

吉成方

江苏金坛人。现为中国美术家协会会员、中国水墨研究机构副主席、中国水墨研究院副院长、中国美术家协会高研班联谊会秘书长、中国美术家协会茅山写生基地副主任，北京南海画院画师。

孙红敏

女，吉林人。广东省美术家协会副主席、中国美术家协会会员、一级美术师。

石锋

1961 年 9 月出生，天津人。中国书法家协会会员、广西书法家协会副主席、广西书画院特聘书法家、河池市文联副主席。

邹敏德

1962 年 5 月出生，湖南邵东人。中国书法家协会会员、广东省书法家协会理事。

朱德玲

女，江苏南京人。中国书法家协会会员、南京市国画院特聘书法家、南京市书法家协会理事。

陈迪和

1962 年出生，湖北阳新人，现任湖北省国画院院长、中国美术家"江山行"画家组主席、湖北省书画研究会副主席、中国美术家协会会员、湖北省政协文史和学习委员会副主任、方笔山水画创始人。

陈文年

1962 年出生，湖北恩施人。湖北省作家协会会员、湖北恩施州书法家协会会员、湖北咸丰县书法协会副主席。

旷小津

1963 年出生，天津市人，中国美术家协会理事，湖南省文联副主席，湖南省画院院长，一级美术师，湖南省美术家协会副主席、秘书长，中国美术家协会河山画会会员，享受国务院政府特殊津贴专家。

喻志全

1964 年出生，重庆长寿人。中国书法家协会会员、重庆书法家协会篆刻委员会会员、重庆巴渝印社理事。

刘诗东

1964 年 10 月出生，广东广州人。中国美术家协会会员、广东外语艺术学院美术系副教授、广东省青年美术家协会常务理事、广州市美术家协会主席。

陈苏

1965 年 10 月出生，广西桂林人。现为中国美术家协会会员，广西艺术学院中国画学院教授、硕士研究生导师，南方书画院副院长。

陈乃奎

1965 年生，山东新泰人。中国美术家协会会员、山东省美术家协会会员、泰安市美术家协会副会长。

符祥康

1967 年出生，海南福山人。 中国美术家协会会员、海南省美术家协会副主席、海南省书画院、海口画院特聘画家。

卢晓波

1968 年出生，中国美术家协会会员、长江师范学院美术学院副教授。

张巩岩

1968 年出生，吉林四平人，中国书法家协会会员，吉林省书法家协会篆刻、刻字委员会委员，吉林省政协书画院院士。

王东方

辽宁沈阳人，中国美术家协会会员、中国工艺画学会会员、中国国画家协会理事、北京八一艺术馆执行馆长。

傅小彪

1973年1月出生，四川渠人，中国美术家协会会员、重庆涪陵区美术家协会副主席、长江师范学院美术学院院长。

徐吉春

1973年出生，吉林梨树人，中国书法家协会会员、中国楹联学会会员、中国楹联书法艺术委员会委员、中华诗词学会会员、四平市东北书法文化研究院执行院长、吉林师范大学美术学院客座教授。

彭石

20世纪80年代出生，重庆大学文学硕士、中国美术家协会会员、重庆美术家协会副主席、中国画艺委员会委员、重庆红岩书画院副院长。

胡焱

女，20世纪80年代出生，重庆大学毕业，硕士，华夏艺术报艺术总监、红岩书画院副院长、中国美术家协会会员。